Transportation for Tomorrow: Sustainable Solutions for Urban Planning and Beyond

రేపుటి రవాణా: నగర ప్రణాళిక మరియు అంతకు మించిన స్థిరమైన పరిష్కారాలు

Rajanikanta Rao

Copyright © [2023]

Title: Transportation for Tomorrow: Sustainable Solutions for Urban Planning and Beyond
Author's Rajanikanta Rao

All rights reserved. No part of this publication may be reproduced, stored in a retrieval system, or transmitted in any form or by any means, electronic, mechanical, photocopying, recording, or otherwise, without the prior written permission of the publisher or author, except in the case of brief quotations embodied in critical reviews and certain other non-commercial uses permitted by copyright law.

This book was printed and published by [Publisher's: **Rajanikanta Rao**] in [2023]

ISBN:

TABLE OF CONTENT

Chapter 1: The Crossroads of Mobility: A Global Challenge 11

- 1.1 Urbanization and the Rising Tide of Traffic
- 1.2 Environmental and Public Health Impacts of Unsustainable Transport
- 1.3 Reimagining Mobility: Towards a Sustainable Future
- 1.4 Scope and Structure of the Book

Chapter 2: Reclaiming the Streets for People 19

- 2.1 Prioritizing Public Transportation: Networks, Efficiency, and Accessibility
- 2.2 Micromobility Revolution: Cycling, Walking, and Scooting for All
- 2.3 Smart Cities and Integrated Mobility Systems
- 2.4 Rethinking Urban Design: Pedestrian-Friendly Spaces and Transit-Oriented Development
- 2.5 Case Studies: Cities Leading the Way in Sustainable Urban Transport

- **Chapter 3: Beyond the City Center: Redefining Suburban Mobility** 29

  - 3.1 Regional Connectivity: High-Speed Rail, Intermodal Hubs, and Rural-Urban Links
  - 3.2 Smart Infrastructure and Demand-Responsive Transport Solutions
  - 3.3 Green Spaces and Active Commuting: Fostering a Culture of Healthy Movement
  - 3.4 Integrating Land Use and Transportation Planning
  - 3.5 Case Studies: Sustainable Suburbs and Regional Transport Networks

- **Chapter 4: Electric Vehicles: The Clean Driving Revolution** 39

  - 4.1 EV Technologies and Charging Infrastructure: Overcoming Range Anxiety and Accessibility
  - 4.2 Public EV Fleets and Micromobility Sharing: Embracing Shared Mobility Models
  - 4.3 Smart Traffic Management and Vehicle-to-Everything Communication
  - 4.4 Policy and Incentives for EV Adoption: Overcoming Market Barriers
  - 4.5 Case Studies: Cities Leading the Charge in EV Adoption

Chapter 5: Autonomous Vehicles: Promise and Perils   50

- 5.1 Self-Driving Cars: Transforming Urban Landscapes and Reimagining Mobility
- 5.2 Safety, Ethics, and Regulatory Challenges: Ensuring Responsible Development
- 5.3 Public Transit Integration and Micromobility Partnerships
- 5.4 Planning for the Future of Work and the Impact on Jobs
- 5.5 Case Studies: Pilot Programs and Early Implementations of Autonomous Vehicles

Chapter 6: Hyperloop and VTOL: Redefining Speed and Accessibility   60

- 6.1 Hyperloop Technology: Revolutionizing Long-Distance Travel
- 6.2 VTOL Vehicles: Urban Air Mobility and Personalized Transportation
- 6.3 Infrastructure, Safety, and Regulatory Frameworks for Emerging Technologies
- 6.4 Environmental Considerations and Sustainability Assessments
- 6.5 Case Studies: Early Prototypes and Potential Applications of Hyperloop and VTOL

- **Chapter 7: Sharing Economy and Mobility as a Service: Access over Ownership**   **70**

  - 7.1 MaaS Platforms and Mobility on Demand: Integrating Different Modes of Transport
  - 7.2 Subscription Services and Car Sharing: Breaking the Dependence on Car Ownership
  - 7.3 Data Privacy and Security Concerns in Sharing Economy Platforms
  - 7.4 Equitable Access and Affordability: Ensuring Inclusive Mobility Solutions
  - 7.5 Case Studies: Successful MaaS Platforms and Sharing Economy Initiatives

విషయ సూచిక

భాగం 1: మొబిలిటీ యొక్క కూడలి: ఒక గ్లోబల్ సవాలు

1.1 నగరీకరణ మరియు ట్రాఫిక్ యొక్క పెరుగుతున్న వేవలు

1.2 స్థిరమైన రవాణా యొక్క పర్యావరణ మరియు ప్రజారోగ్య ప్రభావాలు

1.3 మొబిలిటీని పునర్నిర్మించడం: ఒక స్థిరమైన భవిష్యత్తు వైపు

1.4 పుస్తకం యొక్క పరిధి మరియు నిర్మాణం

భాగం 2 : ప్రజల కోసం రోడ్లను తిరిగి పొందడం

2.1 ప్రజా రవాణాను ప్రాధాన్యత ఇవ్వడం: నెట్‌వర్క్‌లు, సామర్థ్యం మరియు అందుబాటుతనం

2.2 మైక్రోమొబిలిటీ విప్లవం: అందరి కోసం సైక్లింగ్, వాకింగ్ మరియు స్కూటింగ్

2.3 స్మార్ట్ సిటీలు మరియు ఇంటిగ్రేటెడ్ మొబిలిటీ సిస్టమ్స్

2.4 నగర రూపకల్పనను పునరాలోచించడం: పాదచారులకు అనుకూలమైన స్థలాల మరియు రవాణా-కేంద్రీకృత అభివృద్ధి

2.5 కేసు స్టడీస్: స్థిరమైన నగర రవాణాలో ముందున్న నగరాలు

భాగం 3: నగర కేంద్రం దాటి: శివారు ప్రాంతాల మొబిలిటీని పునర్నిర్వచించడం

- 3.1 ప్రాంతీయ కనెక్టివిటీ: హై-స్పీడ్ రైలు, ఇంటర్‌మోడల్ హబ్‌లు మరియు గ్రామీణ-నగర లింకులు
- 3.2 స్మార్ట్ ఇన్‌ఫ్రాస్ట్రక్చర్ మరియు డిమాండ్-రెస్పాన్సివ్ రవాణా పరిష్కారాలు
- 3.3 గ్రీన్ స్పేస్‌లు మరియు యాక్టివ్ కమ్యూటింగ్: ఆరోగ్యకరమైన కదలిక యొక్క సంస్కృతిని పెంపొందించడం
- 3.4 భూ వినియోగం మరియు రవాణా ప్రణాళికను సమైక్యతం చేయడం
- 3.5 కేసు స్టడీస్: స్థిరమైన శివారు ప్రాంతాలు మరియు ప్రాంతీయ రవాణా నెట్‌వర్క్‌లు

భాగం 4: ఎలక్ట్రిక్ వాహనాలు: శుభ్రమైన డ్రైవింగ్ విప్లవం

- 4.1 EV టెక్నాలజీలు మరియు ఛార్జింగ్ ఇన్‌ఫ్రాస్ట్రక్చర్: రేంజ్ ఆందోళన మరియు అందుబాటుతనం అధిగమించడం
- 4.2 పబ్లిక్ EV ఫ్లీట్‌లు మరియు మైక్రోమొబిలిటీ షేరింగ్: షేర్డ్ మొబిలిటీ మోడళ్లను స్వీకరించడం
- 4.3 స్మార్ట్ ట్రాఫిక్ మేనేజ్‌మెంట్ మరియు వాహన-టు-ఎవరీ కమ్యూనికేషన్
- 4.4 EV స్వీకరణ కోసం విధానం మరియు ప్రోత్సాహాలు: మార్కెట్ అడ్డంకులను అధిగమించడం
- 4.5 కేసు స్టడీస్: EV స్వీకరణలో ముందం ఉన్న నగరాలు

భాగం 5: స్వయంప్రతిపత్తి కార్లు: వాగ్దానాలు మరియు ప్రమాదాలు

- 5.1 స్వయం డ్రైవింగ్ కార్లు: నగర దృశ్యాలను మార్చడం మరియు మొబిలిటీని పునర్నిర్మించడం
- 5.2 భద్రత, నీతి మరియు నియంత్రణ సవాళ్లు: బాధ్యతాయుతమైన అభివృద్ధిని నిర్ధారించడం
- 5.3 ప్రజా రవాణా సమైకృతం మరియు మైక్రోమొబిలిటీ భాగస్వామ్యాలు
- 5.4 భవిష్యత్తు ఉద్యోగాల కోసం ప్రణాళిక మరియు ఉద్యోగాలపై ప్రభావం
- 5.5 కేసు స్టడీస్: స్వయంప్రతిపత్తి కార్ల యొక్క పైలట్ కార్యక్రమాలు మరియు ప్రారంభ అమలు

భాగం 6: హైపర్‌లూప్ మరియు VTOL: వేగం మరియు అందుబాటుతనంలను పునర్నిర్వచించడం

- 6.1 హైపర్‌లూప్ టెక్నాలజీ: దూరదూరాల ప్రయాణాన్ని విప్లవీకరించడం
- 6.2 VTOL వాహనాలు: నగర వాయు మొబిలిటీ మరియు వ్యక్తిగత రవాణా
- 6.3 ఉద్భవించే టెక్నాలజీల కోసం మౌలిక సదుపాయాలు, భద్రత మరియు నియంత్రణ చట్రాలు
- 6.4 పర్యావరణ పరిశీలనలు మరియు స్థిరత్వపు అంచనాలు
- 6.5 కేసు స్టడీస్: హైపర్‌లూప్ మరియు VTOL యొక్క ప్రారంభ నమూనాలు మరియు సాధ్యం అనువర్తనాలు

భాగం 7 : షేరింగ్ ఎకానమీ మరియు సేవగా మొబిలిటీ: యాజమాన్యం కంటే ప్రాప్యత

- 7.1 ప్లాట్‌ఫారమ్‌లు మరియు డిమాండ్‌పై మొబిలిటీ: వివిధ రవాణా పద్ధతులను సమైకృతం చేయడం
- 7.2 సబ్‌స్క్రిప్షన్ సేవలు మరియు కారు షేరింగ్: కారు యాజమాన్యంపై ఆధారపడటాన్ని తగ్గించడం
- 7.3 షేరింగ్ ఎకానమీ ప్లాట్‌ఫారమ్‌లలో డేటా గోప్యత మరియు భద్రతా సమస్యలు
- 7.4 సమాన ప్రాప్యత మరియు సరసతం: సమ్మిళిత మొబిలిటీ పరిష్కారాలను నిర్ధారించడం
- 7.5 కేసు స్టడీస్: విజయవంతమైన MaaS ప్లాట్‌ఫారమ్‌లు మరియు షేరింగ్ ఎకానమీ చొరవలు

Chapter 1: The Crossroads of Mobility: A Global Challenge

భాగం 1: మొబిలిటీ యొక్క కూడలి: ఒక గ్లోబల్ సవాలు

నగరీకరణ మరియు ట్రాఫిక్ యొక్క పెరుగుతున్న వేవలు

పరిచయం

నేడు, ప్రపంచంలోని అత్యధిక జనాభా కలిగిన 10 నగరాలలో 9 నగరాలు అభివృద్ధి చెందుతున్న దేశాలలో ఉన్నాయి. 2050 నాటికి, ప్రపంచ జనాభాలో 68% నగరాల్లో నివసించే అవకాశం ఉంది. ఈ నగరీకరణ ప్రక్రియ ట్రాఫిక్ సమస్యలను పెంచుతోంది.

నగరీకరణ మరియు ట్రాఫిక్

నగరీకరణ అనేది జనాభాను గ్రామీణ ప్రాంతాల నుండి నగరాలకు తరలించే ప్రక్రియ. ఈ ప్రక్రియ అనేక కారకాల వల్ల సంభవిస్తుంది, వీటిలో ఆర్థిక అవకాశాలు, విద్య మరియు ఆరోగ్య సంరక్షణ వంటి సౌకర్యాలు మరియు సామాజిక కారకాలు ఉన్నాయి.

నగరీకరణ అనేక ప్రయోజనాలను కలిగి ఉంది, వీటిలో ఆర్థిక వృద్ధి, సామాజిక అభివృద్ధి మరియు విద్య మరియు ఆరోగ్య సంరక్షణ వంటి సేవలకు మెరుగైన ప్రాప్యత ఉన్నాయి.

అయితే, నగరీకరణ కూడా కొన్ని సమస్యలను కలిగిస్తుంది, వీటిలో ట్రాఫిక్ సమస్యలు ఒకటి.

నగరాలలో, ప్రజలు తమ ఉద్యోగాలు, పాఠశాలలు మరియు ఇతర ప్రాంతాలకు చేరుకోవడానికి వాహనాలను ఉపయోగించడానికి మరింత ఎక్కువ అవకాశం ఉంది. ఈ ప్రక్రియ ట్రాఫిక్ జామ్‌లు, వాయు కాలుష్యం మరియు ఇతర సమస్యలకు దారితీస్తుంది.

ట్రాఫిక్ సమస్యల ప్రభావాలు

ట్రాఫిక్ సమస్యలు అనేక ప్రభావాలను కలిగి ఉంటాయి. వీటిలో:

- సమయం మరియు డబ్బు వృథా: ట్రాఫిక్ జామ్‌ల వల్ల ప్రజలు వారి ప్రయాణాలకు ఎక్కువ సమయం మరియు డబ్బు వెచ్చించాల్సి ఉంటుంది.
- వాయు కాలుష్యం: వాహనాల నుండి వచ్చే వాయు కాలుష్యం ఆరోగ్య సమస్యలకు దారితీస్తుంది.
- శబ్ద కాలుష్యం: వాహనాల నుండి వచ్చే శబ్ద కాలుష్యం జనాభా ఆరోగ్యం మరియు నాణ్యతను ప్రభావితం చేస్తుంది.
- సామాజిక అసమానత: ట్రాఫిక్ సమస్యలు పేదలను మరింత ఎక్కువగా ప్రభావితం చేస్తాయి.

స్థిరమైన రవాణా యొక్క పర్యావరణ మరియు ప్రజారోగ్య ప్రభావాలు

పరిచయం

స్థిరమైన రవాణా అనేది పర్యావరణం మరియు ప్రజారోగ్యంపై ప్రతికూల ప్రభావాలను తగ్గించేలా రూపొందించబడిన రవాణా. ఇది సాధారణంగా ప్రజా రవాణా, నడక మరియు సైక్లింగ్ వంటి రవాణా రకాలను ప్రోత్సహించడం మరియు వాహనాల ఉపయోగాన్ని తగ్గించడంపై దృష్టి పెడుతుంది.

స్థిరమైన రవాణా యొక్క పర్యావరణ ప్రభావాలు

స్థిరమైన రవాణా పర్యావరణంపై అనేక ప్రయోజనాలను కలిగి ఉంటుంది. ఇది వాయు కాలుష్యం, శబ్ద కాలుష్యం మరియు వ్యర్థాలను తగ్గించడంలో సహాయపడుతుంది.

- వాయు కాలుష్యం: స్థిరమైన రవాణా వాహనాల ఉపయోగాన్ని తగ్గించడం ద్వారా వాయు కాలుష్యాన్ని తగ్గించడంలో సహాయపడుతుంది. వాహనాలు గాలిలోకి కాలుష్యకారకాలను విడుదల చేస్తాయి, ఇవి ఆరోగ్య సమస్యలకు దారితీస్తాయి.
- శబ్ద కాలుష్యం: స్థిరమైన రవాణా రహదారి శబ్దాన్ని తగ్గించడంలో సహాయపడుతుంది. వాహనాలు శబ్దాన్ని ఉత్పత్తి చేస్తాయి, ఇది జనాభా ఆరోగ్యం మరియు నాణ్యతను ప్రభావితం చేస్తుంది.
- వ్యర్థాలు: స్థిరమైన రవాణా వాహనాల నుండి వచ్చే వ్యర్థాలను తగ్గించడంలో సహాయపడుతుంది. వాహనాలు వ్యర్థాలను ఉత్పత్తి చేస్తాయి, ఇవి పర్యావరణంపై ప్రతికూల ప్రభావాలను చూపుతాయి.

స్థిరమైన రవాణా యొక్క ప్రజారోగ్య ప్రభావాలు

స్థిరమైన రవాణా ప్రజారోగ్యంపై అనేక ప్రయోజనాలను కలిగి ఉంటుంది. ఇది శారీరక శ్రమను పెంచడానికి మరియు ఆరోగ్య సమస్యలను తగ్గించడానికి సహాయపడుతుంది.

- శారీరక శ్రమ: స్థిరమైన రవాణా రకాలు, వంటి నడక మరియు సైక్లింగ్, శారీరక శ్రమను పెంచడంలో సహాయపడతాయి. శారీరక శ్రమ ఆరోగ్యానికి చాలా మంచిది మరియు అనేక ఆరోగ్య సమస్యల ప్రమాదాన్ని తగ్గిస్తుంది.

- ఆరోగ్య సమస్యలు: స్థిరమైన రవాణా వాహనాల ఉపయోగాన్ని తగ్గించడం ద్వారా ఆరోగ్య సమస్యల ప్రమాదాన్ని తగ్గించడంలో సహాయపడుతుంది. వాహనాల ఉపయోగం గుండె జబ్బులు, క్యాన్సర్ మరియు ఇతర ఆరోగ్య సమస్యల ప్రమాదాన్ని పెంచుతుంది.

మొబిలిటీని పునర్నిర్మించడం: ఒక స్థిరమైన భవిష్యత్తు వైపు

ముఖ్యమైన పాయింట్లు

- ప్రస్తుత మొబిలిటీ వ్యవస్థలు పర్యావరణానికి హానికరం.
- స్థిరమైన భవిష్యత్తు కోసం, మనం మొబిలిటీని మరింత సమర్థవంతంగా మరియు స్థిరంగా చేయాలి.
- ఇది చేయడానికి అనేక మార్గాలు ఉన్నాయి, వీటిలో ప్రజా రవాణాను ప్రోత్సహించడం, నడవడం మరియు సైక్లింగ్‌ను ప్రోత్సహించడం మరియు ఎలక్ట్రిక్ వాహనాలకు మారడం ఉన్నాయి.

ప్రస్తుత పరిస్థితి

ప్రస్తుత మొబిలిటీ వ్యవస్థలు పర్యావరణానికి హానికరం. రోడ్డు రవాణా ప్రపంచంలోని మొత్తం హరితగృహ వాయు ఉద్గారాలలో సుమారు 25%కి కారణమవుతుంది. అంతేకాకుండా, రోడ్డు రవాణా గాలి కాలుష్యం, నీటి కాలుష్యం మరియు శబ్ద కాలుష్యం వంటి అనేక ఇతర పర్యావరణ సమస్యలకు దారితీస్తుంది.

స్థిరమైన భవిష్యత్తు

స్థిరమైన భవిష్యత్తు కోసం, మనం మొబిలిటీని మరింత సమర్థవంతంగా మరియు స్థిరంగా చేయాలి. ఇది చేయడానికి అనేక మార్గాలు ఉన్నాయి:

- ప్రజా రవాణాను ప్రోత్సహించండి: ప్రజా రవాణా అనేది మొబిలిటీకి ఒక శుభ్రమైన మరియు సమర్థవంతమైన ఎంపిక. ప్రజా రవాణాను ప్రోత్సహించడానికి, మనం టాక్సీల మరియు ప్రైవేట్ కారులను కంటే ప్రజా రవాణాను మరింత సౌకర్యవంతంగా మరియు అందుబాటులో ఉంచాలి.
- నడవడం మరియు సైక్లింగ్‌ను ప్రోత్సహించండి: నడవడం మరియు సైక్లింగ్ రెండూ శుభ్రమైన మరియు ఆరోగ్యకరమైన మార్గాలు. నడవడం మరియు సైక్లింగ్‌ను ప్రోత్సహించడానికి, మనం నడవడానికి మరియు సైక్లింగ్‌కు అనుకూలమైన నగర వాతావరణాన్ని సృష్టించాలి.
- ఎలక్ట్రిక్ వాహనాలకు మారండి: ఎలక్ట్రిక్ వాహనాలు పర్యావరణానికి మరింత అనుకూలంగా ఉంటాయి, ఎందుకంటే అవి శుభ్రమైన శక్తిని ఉపయోగిస్తాయి. ఎలక్ట్రిక్ వాహనాలకు మారడానికి, మనం ఎలక్ట్రిక్ వాహనాలకు భారీ ప్రోత్సాహాలను అందించాలి మరియు ఎలక్ట్రిక్ వాహనాలకు అనుకూలమైన ఛార్జింగ్ నెట్ వర్క్‌ను సృష్టించాలి.

పుస్తకం యొక్క పరిధి మరియు నిర్మాణం

పరిచయం

పుస్తకం అనేది ఒక రకమైన ప్రచురణ రూపం, ఇది సాధారణంగా పేజీలతో కూడిన ఒక కఠినమైన కవర్లో అమర్చబడి ఉంటుంది. ఇది సాహిత్యం, చరిత్ర, శాస్త్రం, సాంకేతికత మరియు వివిధ ఇతర అంశాలపై సమాచారాన్ని అందించడానికి ఉపయోగించబడుతుంది.

పుస్తకాల పరిధి మరియు నిర్మాణం వాటి ఉద్దేశ్యం మరియు లక్ష్య ప్రేక్షకులపై ఆధారపడి ఉంటుంది. ఉదాహరణకు, ఒక సాహిత్య పుస్తకం సాధారణంగా కథ, కవితలు లేదా నాటకం వంటి కళాత్మక రూపాన్ని అందిస్తుంది. మరోవైపు, ఒక విద్యా పుస్తకం కొంత నిర్దిష్ట అంశంపై సమాచారాన్ని అందిస్తుంది.

పుస్తకాల పరిధి

పుస్తకాల పరిధి అనేది అవి కవర్ చేసే అంశాలను సూచిస్తుంది. పుస్తకాల పరిధి చాలా విస్తృతంగా ఉంటుంది, ఇది ఒక నిర్దిష్ట అంశంపై ఒక చిన్న శీర్షిక నుండి ప్రపంచ చరిత్రపై సమగ్రమైన చరిత్ర వరకు ఉండవచ్చు.

పుస్తకాల పరిధిని నిర్ణయించే అనేక అంశాలు ఉన్నాయి, వీటిలో ఉన్నాయి:

- రచయిత లేదా సంపాదకుడి లక్ష్యం: రచయిత లేదా సంపాదకుడు పుస్తకం ద్వారా ఏమి సాధించాలనుకుంటున్నారో పుస్తకం యొక్క పరిధిని ప్రభావితం చేస్తుంది. ఉదాహరణకు, ఒక రచయిత ఒక కొత్త

అంశంపై ప్రజలకు అవగాహన కల్పించాలనుకుంటే, అతను లేదా ఆమె ఆ అంశంపై సమగ్రమైన పరిశోధన చేస్తూ, పుస్తకం యొక్క పరిధిని విస్తృతంగా చేస్తాడు.

- లక్ష్య ప్రేక్షకులు: పుస్తకం ఎవరి కోసం ఉద్దేశించబడిందో లక్ష్య ప్రేక్షకులు పుస్తకం యొక్క పరిధిని ప్రభావితం చేస్తారు. ఉదాహరణకు, ఒక పుస్తకం యువ పాఠకుల కోసం ఉద్దేశించబడితే, పుస్తకం యొక్క పరిభాష మరియు సమస్యలు సరళంగా మరియు సులభంగా అర్థం చేసుకోగలిగేలా ఉంటాయి.
- పుస్తకం యొక్క శైలి: పుస్తకం ఏ శైలిలో ఉంటుంది అనేది కూడా పుస్తకం యొక్క పరిధిని ప్రభావితం చేస్తుంది. ఉదాహరణకు, ఒక కథా పుస్తకం సాధారణంగా ఒక చిన్న కథను కవర్ చేస్తుంది, అయితే ఒక నవల చాలా విస్తృతమైన కథను కవర్ చేస్తుంది.

Chapter 2: Reclaiming the Streets for People

భాగం 2 : ప్రజల కోసం రోడ్లను తిరిగి పొందడం

ప్రజా రవాణాను ప్రాధాన్యత ఇవ్వడం: నెట్‌వర్క్‌లు, సామర్థ్యం మరియు అందుబాటుతనం

పరిచయం

ప్రజా రవాణా అనేది ప్రజలను ఒక ప్రదేశం నుండి మరొక ప్రదేశానికి తరలించడానికి ఉపయోగించే ఒక రకమైన రవాణా. ఇది బస్సులు, రైళ్లు, మెట్రోలు, ట్రామ్‌లు మరియు బోట్‌లు వంటి వివిధ రకాల వాహనాలను ఉపయోగిస్తుంది.

ప్రజా రవాణాను ప్రాధాన్యత ఇవ్వడం అనేది నగరాలలో మరియు పట్టణాలలో కాలుష్యం, ట్రాఫిక్ జామ్‌లు మరియు వాతావరణ మార్పులను తగ్గించడానికి ఒక ముఖ్యమైన మార్గం. ప్రజా రవాణాను ప్రాధాన్యత ఇవ్వడం వల్ల కింది ప్రయోజనాలు ఉన్నాయి:

- గాలి కాలుష్యం తగ్గుతుంది: ప్రజా రవాణా వాహనాలు వ్యక్తిగత వాహనాల కంటే తక్కువ కాలుష్యాన్ని ఉత్పత్తి చేస్తాయి.
- ట్రాఫిక్ జామ్‌లు తగ్గుతాయి: ప్రజా రవాణా వ్యక్తిగత వాహనాల కంటే ఎక్కువ ప్రజలను తరలించగలదు, ఇది ట్రాఫిక్ జామ్‌లను తగ్గించడంలో సహాయపడుతుంది.

- వాతావరణ మార్పులను తగ్గించడానికి సహాయపడుతుంది: ప్రజా రవాణా వ్యక్తిగత వాహనాల కంటే ఎక్కువ శక్తిని ఆదా చేస్తుంది, ఇది వాతావరణ మార్పులను తగ్గించడంలో సహాయపడుతుంది.

ప్రజా రవాణాను ప్రాధాన్యత ఇవ్వడానికి మార్గాలు

ప్రజా రవాణాను ప్రాధాన్యత ఇవ్వడానికి అనేక మార్గాలు ఉన్నాయి. వాటిలో కొన్ని:

- నెట్‌వర్క్‌లను విస్తరించండి: ప్రజా రవాణా నెట్‌వర్క్‌లను విస్తరించడం వల్ల ప్రజలు ప్రజా రవాణాను ఉపయోగించడానికి మరింత సులభంగా మారుతారు.
- సామర్థ్యాన్ని మెరుగుపరచండి: ప్రజా రవాణా వాహనాల సామర్థ్యాన్ని మెరుగుపరచడం వల్ల మరింత ప్రజలను తరలించడానికి వీలు కల్పిస్తుంది.
- అందుబాటుతనాన్ని మెరుగుపరచండి: ప్రజా రవాణా స్టేషన్‌లు మరియు హబ్‌లను అందుబాటులో ఉంచడం వల్ల మరింత ప్రజలు వాటిని ఉపయోగించడానికి మరింత ఆసక్తి చూపుతారు.

ప్రజా రవాణాను ప్రాధాన్యత ఇవ్వడంపై ప్రభుత్వాల పాత్ర

ప్రజా రవాణాను ప్రాధాన్యత ఇవ్వడంలో ప్రభుత్వాలు కీలక పాత్ర పోషిస్తాయి. ప్రభుత్వాలు ప్రజా రవాణా నెట్‌వర్క్‌లను నిర్మించడానికి, నిర్వహించడానికి మరియు సమర్థవంతంగా చేయడానికి నిధులు సమకూర్చవచ్చు.

మైక్రోమొబిలిటీ విప్లవం: అందరి కోసం సైక్లింగ్, వాకింగ్ మరియు స్కూటింగ్

పరిచయం

మైక్రోమొబిలిటీ అనేది చిన్న, లైట్‌వెయిట్, ఎలక్ట్రిక్-పవర్డ్ ట్రాన్స్‌పోర్ట్ ఫార్మాట్లను సూచిస్తుంది, వీటిలో సైకిళ్లు, స్కూటర్లు మరియు పెడల్-ఎలక్ట్రిక్ వాహనాలు ఉన్నాయి. ఈ రకమైన ట్రాన్స్‌పోర్ట్ చాలా సంవత్సరాలుగా ఉంది, కానీ ఇటీవలి సంవత్సరాలలో, ఇది ఒక ముఖ్యమైన స్వరూపంగా అభివృద్ధి చెందింది.

మైక్రోమొబిలిటీ విప్లవం అనేది అనేక కారకాల ఫలితం. ఒక కారకం ఏమిటంటే, ప్రజలు వారి ఆరోగ్యం మరియు శ్రేయస్సు గురించి మరింత జాగ్రత్తగా ఉండటానికి ప్రయత్నిస్తున్నారు. మైక్రోమొబిలిటీ అనేది శారీరక శ్రమను పెంచడానికి మరియు వాతావరణ మార్పులను తగ్గించడానికి ఒక గొప్ప మార్గం.

మరొక కారకం ఏమిటంటే, నగరాలు మరింత సాంద్రంగా మరియు సమగ్రంగా మారుతున్నాయి. ఈ నగరాలలో, వాహనాల రద్దీ ఒక సముచిత సమస్యగా మారింది. మైక్రోమొబిలిటీ అనేది ఈ రద్దీని తగ్గించడానికి మరియు నగరాలను మరింత ఆహ్లాదకరమైన ప్రదేశాలుగా మార్చడానికి ఒక మార్గం.

మైక్రోమొబిలిటీ యొక్క ప్రయోజనాలు

మైక్రోమొబిలిటీ అనేక ప్రయోజనాలను కలిగి ఉంది. ఇది:

- ఆరోగ్యం మరియు శ్రేయస్సును మెరుగుపరుస్తుంది: మైక్రోమొబిలిటీ అనేది శారీరక శ్రమను పెంచడానికి మరియు ఊబకాయం, గుండె జబ్బులు మరియు ఇతర ఆరోగ్య సమస్యల ప్రమాదాన్ని తగ్గించడానికి ఒక గొప్ప మార్గం.
- వాతావరణ మార్పులను తగ్గిస్తుంది: మైక్రోమొబిలిటీ అనేది వాతావరణ మార్పులకు కారణమయ్యే ఇంధన ఉద్గారాలను తగ్గించడానికి ఒక మార్గం.
- నగరాలను మరింత సాంద్రంగా మరియు సమగ్రంగా చేస్తుంది: మైక్రోమొబిలిటీ అనేది నగరాలలో వాహనాల రద్దీని తగ్గించడానికి మరియు నగరాలను మరింత ఆహ్లాదకరమైన ప్రదేశాలుగా మార్చడానికి ఒక మార్గం.

మైక్రోమొబిలిటీ యొక్క సవాళ్లు

మైక్రోమొబిలిటీకి కొన్ని సవాళ్లు కూడా ఉన్నాయి. ఒక సవాలు ఏమిటంటే, మైక్రోమొబిలిటీ పరికరాలు తరచుగా దొంగిలించబడతాయి.

స్మార్ట్ సిటీలు మరియు ఇంటిగ్రేటెడ్ మొబిలిటీ సిస్టమ్స్

పరిచయం

స్మార్ట్ సిటీలు అనేవి సాంకేతికతను ఉపయోగించి వారి పౌరుల జీవితాలను మెరుగుపరచడానికి కట్టుబడి ఉన్న నగరాలు. ఈ సాంకేతికతలో ఇంటిగ్రేటెడ్ మొబిలిటీ సిస్టమ్‌లు (IMS) ఒక ముఖ్యమైన భాగం. IMS అనేవి నగరాలలోని వివిధ రకాల రవాణా మార్గాలను ఒకే వ్యవస్థలో కలిపి ఉంచే వ్యవస్థలు.

IMS అనేక ప్రయోజనాలను కలిగి ఉంటాయి. ఇది:

- వాహనాల రద్దీని తగ్గిస్తుంది: IMS నగరాలలోని ప్రజలు వారి ప్రయాణాలను మరింత సమర్థవంతంగా ప్రణాళిక చేయడంలో సహాయపడుతుంది, ఇది రద్దీని తగ్గిస్తుంది.
- వాతావరణ మార్పులను తగ్గిస్తుంది: IMS ప్రజలు వారి ప్రయాణాలను కార్ల నుండి మరింత స్థిరమైన మార్గాలకు మార్చడంలో సహాయపడుతుంది, ఇది వాతావరణ మార్పులకు కారణమయ్యే ఇంధన ఉద్గారాలను తగ్గిస్తుంది.
- నగరాలను మరింత సౌకర్యవంతంగా చేస్తుంది: IMS ప్రజలు వారి ప్రయాణాలను మరింత సులభంగా మరియు మరింత సౌకర్యవంతంగా చేయడంలో సహాయపడుతుంది.

IMS యొక్క రకాలు

IMS అనేక రకాలు ఉన్నాయి. కొన్ని సాధారణ రకాలు:

- పబ్లిక్ ట్రాన్స్‌పోర్ట్ యాప్‌లు: ఈ యాప్‌లు ప్రజలు పబ్లిక్ ట్రాన్స్‌పోర్ట్ షెడ్యూల్‌లు, ధరలు మరియు మార్గాన్ని కనుగొనడంలో సహాయపడతాయి.

- పార్కింగ్ యాప్‌లు: ఈ యాప్‌లు ప్రజలు సరైన పార్కింగ్ స్థలాలను కనుగొనడంలో సహాయపడతాయి.

- రేపిడ్ షెల్టర్ సిస్టమ్‌లు (RTS): ఈ సిస్టమ్‌లు ప్రజలు నగరం చుట్టూ వేగంగా ప్రయాణించడానికి సహాయపడే స్థిరమైన రవాణా మార్గాలను అందిస్తాయి.

- మూడు-చక్రాల వాహనాల షేరింగ్ సిస్టమ్‌లు: ఈ సిస్టమ్‌లు ప్రజలు సైకిళ్లు, స్కూటర్లు మరియు ఇతర మూడు-చక్రాల వాహనాలను షేర్ చేయడానికి అనుమతిస్తాయి.

స్మార్ట్ సిటీలలో IMS యొక్క ప్రాముఖ్యత

IMS స్మార్ట్ సిటీలకు ముఖ్యమైన భాగం. ఈ సిస్టమ్‌లు నగరాలను మరింత సమర్థవంతంగా, స్థిరమైన మరియు సౌకర్యవంతంగా చేయడంలో సహాయపడతాయి.

నగర రూపకల్పనను పునరాలోచించడం: పాదచారులకు అనుకూలమైన స్థలాల మరియు రవాణా-కేంద్రీకృత అభివృద్ధి

పరిచయం

నగరాలు మన జీవితంలో ముఖ్యమైన పాత్ర పోషిస్తాయి. అవి మనకు ఉద్యోగాలు, విద్య, ఆరోగ్య సంరక్షణ మరియు ఇతర సౌకర్యాలను అందిస్తాయి. అయితే, నగరాలు సమస్యలకు కూడా నిలయం. వాతావరణ మార్పు, రద్దీ మరియు శబ్ద కాలుష్యం వంటి సమస్యలను నగరాలు ఎదుర్కొంటున్నాయి.

ఈ సమస్యలను పరిష్కరించడానికి, మనం నగర రూపకల్పనను పునరాలోచించాలి. పాదచారులకు అనుకూలమైన స్థలాలు మరియు రవాణా-కేంద్రీకృత అభివృద్ధి వంటి విధానాలను మనం అమలు చేయాలి.

పాదచారులకు అనుకూలమైన స్థలాలు

పాదచారులకు అనుకూలమైన స్థలాలు అంటే పాదచారులు సురక్షితంగా మరియు సౌకర్యవంతంగా నడవగలిగే స్థలాలు. ఈ స్థలాలలో విశాలమైన ట్రెక్కింగ్ మార్గాలు, పాదచారుల బ్రిడ్జిలు మరియు ట్రామ్‌లైన్లు ఉండాలి.

పాదచారులకు అనుకూలమైన స్థలాలు అనేక ప్రయోజనాలను అందిస్తాయి. అవి వాతావరణ మార్పును తగ్గించడంలో సహాయపడతాయి, ఎందుకంటే అవి వాహనాల వాడకాన్ని తగ్గిస్తాయి. అవి ఆరోగ్యాన్ని మెరుగుపరుస్తాయి, ఎందుకంటే అవి పాదచారులు మరియు సైక్లిస్టులు మరింత శారీరక శ్రమ చేయడానికి ప్రోత్సహిస్తాయి. అవి నగరాలను

మరింత ఆకర్షణీయంగా మరియు జీవించడానికి అనుకూలంగా చేస్తాయి.

రవాణా-కేంద్రీకృత అభివృద్ధి

రవాణా-కేంద్రీకృత అభివృద్ధి అంటే రవాణాను నగరంలోని ప్రధాన భాగంగా చేయడం. ఈ విధానంలో, పాదచారులు, సైక్లిస్టులు మరియు ప్రజా రవాణాకు ప్రాధాన్యత ఇవ్వబడుతుంది.

రవాణా-కేంద్రీకృత అభివృద్ధి అనేక ప్రయోజనాలను అందిస్తుంది. అది వాతావరణ మార్పును తగ్గించడంలో సహాయపడుతుంది, ఎందుకంటే అది వాహనాల వాడకాన్ని తగ్గిస్తుంది. అది ఆరోగ్యాన్ని మెరుగుపరుస్తుంది, ఎందుకంటే అది పాదచారులు మరియు సైక్లిస్టులు మరింత శారీరక శ్రమ చేయడానికి ప్రోత్సహిస్తుంది. అది నగరాలను మరింత ఆకర్షణీయంగా మరియు జీవించడానికి అనుకూలంగా చేస్తుంది.

కేసు స్టడీస్: స్థిరమైన నగర రవాణాలో ముందున్న నగరాలు

పరిచయం

స్థిరమైన నగర రవాణా అనేది వాతావరణ మార్పు, రద్దీ మరియు శబ్ద కాలుష్యం వంటి సమస్యలను పరిష్కరించడానికి సహాయపడే ఒక ముఖ్యమైన విధానం. ఈ రకమైన రవాణా పాదచారులు, సైక్లిస్టులు మరియు ప్రజా రవాణాకు ప్రాధాన్యత ఇస్తుంది.

ప్రపంచవ్యాప్తంగా అనేక నగరాలు స్థిరమైన నగర రవాణాను అభివృద్ధి చేయడానికి కృషి చేస్తున్నాయి. ఈ నగరాలు వివిధ విధానాలను అమలు చేస్తున్నాయి, వీటిలో:

- పాదచారులకు మరియు సైక్లిస్టులకు అనుకూలమైన స్థలాలను సృష్టించడం
- ప్రజా రవాణాను మెరుగుపరచడం
- వాహనాల వాడకాన్ని తగ్గించడానికి ప్రోత్సహించడం

ఈ కేసు స్టడీస్‌లో, మేము స్థిరమైన నగర రవాణాలో ముందున్న కొన్ని నగరాలను చూస్తాము.

కోపెన్‌హాగన్, డెన్మార్క్

కోపెన్‌హాగన్ స్థిరమైన నగర రవాణాలో ప్రపంచవ్యాప్తంగా అగ్రస్థానంలో ఉంది. ఈ నగరం పాదచారులు మరియు సైక్లిస్టులకు అనుకూలమైనదిగా పేరుగాంచింది. 2020లో, 56%

కోపెన్‌హాగన్ నివాసితులు ప్రతిరోజూ పాదచారులు లేదా సైక్లిస్టులుగా ప్రయాణించారు.

కోపెన్‌హాగన్ ప్రజా రవాణాను కూడా బాగా అభివృద్ధి చేశింది. ఈ నగరంలో ప్రజా రవాణా విస్తృత మరియు సమర్థవంతమైనది.

కోపెన్‌హాగన్ వాహనాల వాడకాన్ని తగ్గించడానికి కూడా కృషి చేస్తోంది. ఈ నగరం కొత్త రోడ్లను నిర్మించడంపై నిషేధం విధించింది మరియు పార్కింగ్ స్థలాలను తగ్గించింది.

ఆమ్‌స్టర్‌డామ్, నెదర్లాండ్స్

ఆమ్‌స్టర్‌డామ్ కూడా స్థిరమైన నగర రవాణాలో ముందున్న నగరం. ఈ నగరం పాదచారులు, సైక్లిస్టులు మరియు ప్రజా రవాణాకు ప్రాధాన్యత ఇస్తుంది.

2020లో, 77% ఆమ్‌స్టర్‌డామ్ నివాసితులు ప్రతిరోజూ పాదచారులు లేదా సైక్లిస్టులుగా ప్రయాణించారు.

ఆమ్‌స్టర్‌డామ్ ప్రజా రవాణాను కూడా బాగా అభివృద్ధి చేశింది. ఈ నగరంలో ప్రజా రవాణా విస్తృత మరియు సమర్థవంతమైనది.

Chapter 3: Beyond the City Center: Redefining Suburban Mobility

భాగం 3: నగర కేంద్రం దాటి: శివారు ప్రాంతాల మొబిలిటీని పునర్నిర్వచించడం

ప్రాంతీయ కనెక్టివిటీ: హై-స్పీడ్ రైలు, ఇంటర్‌మోడల్ హబ్‌లు మరియు గ్రామీణ-నగర లింకులు

పరిచయం

ప్రాంతీయ కనెక్టివిటీ అనేది నగరాలు, పట్టణాలు మరియు గ్రామీణ ప్రాంతాల మధ్య మంచి మార్గాన్ని కల్పించడం. ఇది ఆర్థిక అభివృద్ధి, పర్యావరణ పరిరక్షణ మరియు ప్రజల జీవన నాణ్యతను మెరుగుపరచడానికి ముఖ్యమైనది.

ప్రాంతీయ కనెక్టివిటీని మెరుగుపరచడానికి వివిధ విధానాలు ఉన్నాయి. వీటిలో హై-స్పీడ్ రైలు, ఇంటర్‌మోడల్ హబ్‌లు మరియు గ్రామీణ-నగర లింకులు ఉన్నాయి.

హై-స్పీడ్ రైలు

హై-స్పీడ్ రైలు అనేది గంటకు 250 కిలోమీటర్ల కంటే ఎక్కువ వేగంతో ప్రయాణించే రైలు. ఇది ప్రాంతీయ కనెక్టివిటీని మెరుగుపరచడానికి ఒక ప్రభావవంతమైన మార్గం.

హై-స్పీడ్ రైలు యొక్క ప్రయోజనాలు:

- ఇది ప్రయాణ సమయాన్ని గణనీయంగా తగ్గిస్తుంది.
- ఇది వాహనాల వాడకాన్ని తగ్గించడంలో సహాయపడుతుంది, ఇది పర్యావరణానికి మంచిది.
- ఇది ఆర్థిక అభివృద్ధికి దోహదపడుతుంది, ఎందుకంటే ఇది వ్యాపారాలకు మరియు పర్యాటకులకు మరింత సులభంగా ప్రయాణించడానికి అనుమతిస్తుంది.

ప్రపంచవ్యాప్తంగా అనేక దేశాలు హై-స్పీడ్ రైలు వ్యవస్థలను నిర్మిస్తున్నాయి లేదా అభివృద్ధి చేస్తున్నాయి. చైనా, జపాన్, ఫ్రాన్స్ మరియు స్పెయిన్ వంటి దేశాలు ప్రపంచంలోనే అత్యంత అభివృద్ధి చెందిన హై-స్పీడ్ రైలు వ్యవస్థలను కలిగి ఉన్నాయి.

ఇంటర్మోడల్ హబ్లు

ఇంటర్మోడల్ హబ్లు వివిధ రకాల రవాణా వ్యవస్థలను కలిపే ప్రదేశాలు. ఇవి ప్రాంతీయ కనెక్టివిటీని మెరుగుపరచడానికి మరొక ప్రభావవంతమైన మార్గం.

ఇంటర్మోడల్ హబ్ల యొక్క ప్రయోజనాలు:

- ఇవి ప్రయాణీకులకు మరియు సరుకులకు మరింత సులభంగా మార్పిడి చేయడానికి అనుమతిస్తాయి.
- ఇవి వాహనాల వాడకాన్ని తగ్గించడంలో సహాయపడతాయి, ఇది పర్యావరణానికి మంచిది.
- ఇవి ఆర్థిక అభివృద్ధికి దోహదపడతాయి, ఎందుకంటే ఇవి వ్యాపారాలకు మరియు పర్యాటకులకు మరింత సులభంగా ప్రయాణించడానికి అనుమతిస్తాయి.

స్మార్ట్ ఇన్‌ఫ్రాస్ట్రక్చర్ మరియు డిమాండ్-రెస్పాన్సివ్ రవాణా పరిష్కారాలు

పరిచయం

స్మార్ట్ ఇన్‌ఫ్రాస్ట్రక్చర్ అనేది ఇన్‌ఫ్రాస్ట్రక్చర్‌ను సెన్సార్‌లు, కమ్యూనికేషన్ మరియు కంప్యూటింగ్‌తో సమగ్రంగా మార్చడం. ఇది రవాణా, శక్తి, నీటి సరఫరా మరియు ఇతర రంగాలలో మెరుగైన కార్యాచరణ మరియు సమర్థవంతతను అందించడానికి ఉద్దేశించబడింది.

డిమాండ్-రెస్పాన్సివ్ రవాణా పరిష్కారాలు అనేవి రవాణా వ్యవస్థలను ప్రయాణీకుల అవసరాలకు అనుగుణంగా సర్దుబాటు చేసే విధానాలు. వీటిలో సమయం ఆధారిత టారిఫ్లు, రిజర్వేషన్ వ్యవస్థలు మరియు భాగస్వామ్య ప్రయాణం అనువర్తనాలు ఉన్నాయి.

స్మార్ట్ ఇన్‌ఫ్రాస్ట్రక్చర్ మరియు డిమాండ్-రెస్పాన్సివ్ రవాణా పరిష్కారాలు కలిసి ప్రాంతీయ కనెక్టివిటీని మెరుగుపరచడానికి మరియు రవాణా వ్యవస్థలను మరింత సమర్థవంతంగా మరియు స్థిరంగా చేయడానికి అవకాశాన్ని కలిగి ఉన్నాయి.

స్మార్ట్ ఇన్‌ఫ్రాస్ట్రక్చర్

స్మార్ట్ ఇన్‌ఫ్రాస్ట్రక్చర్ రవాణా వ్యవస్థలలో అనేక విధాలుగా ఉపయోగించవచ్చు. ఉదాహరణకు, సెన్సార్‌లు రహదారుల యొక్క ట్రాఫిక్ పరిస్థితులను ట్రాక్ చేయడానికి ఉపయోగించవచ్చు. ఈ సమాచారం ట్రాఫిక్ లైట్‌లను సమర్థవంతంగా నియంత్రించడానికి లేదా ప్రయాణికులకు

మరింత ఖచ్చితమైన ప్రయాణ సమయాన్ని అందించడానికి ఉపయోగించవచ్చు.

స్మార్ట్ ఇన్‌ఫ్రాస్ట్రక్చర్ కూడా ప్రజా రవాణా వ్యవస్థలను మెరుగుపరచడానికి ఉపయోగించవచ్చు. ఉదాహరణకు, కమ్యూనికేషన్ టెక్నాలజీని ఉపయోగించి, ప్రజలు వారి సమీపంలోని బస్సులు లేదా రైళ్లను ట్రాక్ చేయగలరు మరియు రిజర్వేషన్‌లను చేయగలరు.

డిమాండ్-రెస్పాన్సివ్ రవాణా పరిష్కారాలు

డిమాండ్-రెస్పాన్సివ్ రవాణా పరిష్కారాలు ప్రయాణీకుల అవసరాలను మరింత సమర్థవంతంగా తీర్చడానికి రవాణా వ్యవస్థలను అనుమతిస్తాయి. ఉదాహరణకు, సమయం ఆధారిత టారిఫ్‌లు ప్రయాణీకులను బిజీ సమయాల్లో ప్రయాణించకుండా ప్రోత్సహించడానికి ఉపయోగించవచ్చు.

రిజర్వేషన్ వ్యవస్థలు ప్రయాణీకులకు వారి ప్రయాణాలను ముందుగానే ప్లాన్ చేయడానికి మరియు ఖచ్చితమైన సమయానికి తమ ప్రయాణాలను అందుకోవడానికి అనుమ

గ్రీన్ స్పేస్‌లు మరియు యాక్టివ్ కమ్యూటింగ్: ఆరోగ్యకరమైన కదలిక యొక్క సంస్కృతిని పెంపొందించడం

పరిచయం

ఆరోగ్యకరమైన జీవనశైలిని నిర్వహించడానికి కదలిక చాలా ముఖ్యం. అయితే, నగరప్రాంతాల్లో, ప్రజలు తరచుగా వారి కారు లేదా బస్సులో పనికి వెళ్లడం వల్ల తగినంత కదలిక పొందలేరు. గ్రీన్ స్పేస్‌లు మరియు యాక్టివ్ కమ్యూటింగ్ వంటి పరిష్కారాలు ఆరోగ్యకరమైన కదలిక యొక్క సంస్కృతిని పెంపొందించడంలో సహాయపడతాయి.

గ్రీన్ స్పేస్‌లు

గ్రీన్ స్పేస్‌లు అనేవి పట్టణ ప్రాంతాల్లోని పచ్చని ప్రాంతాలు, వీటిలో పార్కులు, తోటలు, నదులు మరియు సరస్సులు ఉన్నాయి. గ్రీన్ స్పేస్‌లు అనేక ప్రయోజనాలను అందిస్తాయి, వీటిలో ఆరోగ్యం మెరుగుపడటం ఒకటి. గ్రీన్ స్పేస్‌లలో సమయం గడపడం వల్ల ఒత్తిడి తగ్గుతుంది, మానసిక స్థితి మెరుగుపడుతుంది మరియు శారీరక కార్యకలాపాలలో పాల్గొనే అవకాశం పెరుగుతుంది.

యాక్టివ్ కమ్యూటింగ్

యాక్టివ్ కమ్యూటింగ్ అనేది నడవడం, సైక్లింగ్ లేదా పరుగెత్తడం వంటి శారీరక కార్యకలాపాల ద్వారా పనికి వెళ్లడం. యాక్టివ్ కమ్యూటింగ్ అనేక ప్రయోజనాలను అందిస్తుంది, వీటిలో ఆరోగ్యం మెరుగుపడటం, వాతావరణంపై ప్రభావం

తగ్గించడం మరియు నగర జీవనశైలి యొక్క నాణ్యతను మెరుగుపరచడం ఉన్నాయి.

గ్రీన్ స్పేస్‌లు మరియు యాక్టివ్ కమ్యూటింగ్‌ను పెంపొందించడానికి

గ్రీన్ స్పేస్‌లు మరియు యాక్టివ్ కమ్యూటింగ్‌ను పెంపొందించడానికి, ప్రభుత్వాలు, సంస్థలు మరియు వ్యక్తులు కలిసి పనిచేయాలి. కొన్ని ప్రాధమిక చర్యలు ఇక్కడ ఉన్నాయి:

- పట్టణ ప్రణాళికలో గ్రీన్ స్పేస్‌లకు ప్రాధాన్యత ఇవ్వండి.
- యాక్టివ్ కమ్యూటింగ్‌కు అనుకూలమైన పట్టణ వాతావరణాన్ని సృష్టించండి.
- ప్రజలకు యాక్టివ్ కమ్యూటింగ్ యొక్క ప్రయోజనాల గురించి అవగాహన కల్పించండి.

భూ వినియోగం మరియు రవాణా ప్రణాళికను సమైక్యతం చేయడం

భూ వినియోగం మరియు రవాణా రెండూ ఒకదానికొకటి అనుసంధానించబడిన అంశాలు. భూ వినియోగం ఎలా ఉంటుందో దానిపై రవాణా ప్రభావం చూపుతుంది. రవాణా ఎలా ఉంటుందో దానిపై భూ వినియోగం ప్రభావం చూపుతుంది. అందువల్ల, ఈ రెండు అంశాలను సమన్వయం చేయడం చాలా ముఖ్యం.

భూ వినియోగం మరియు రవాణాను సమైక్యతం చేయడానికి అనేక మార్గాలు ఉన్నాయి. ఒక మార్గం భూ వినియోగ ప్రణాళికను రవాణా ప్రణాళికతో అనుసంధానించడం. ఈ విధంగా, భూ వినియోగం రవాణాకు అనుకూలంగా ఉండేలా చేయవచ్చు. ఉదాహరణకు, పాదచారులు మరియు సైకిల్ లకు అనుకూలమైన భూ వినియోగాన్ని ప్రోత్సహించడం ద్వారా, మనం రవాణాలో వాహనాల వాడకాన్ని తగ్గించవచ్చు.

భూ వినియోగం మరియు రవాణాను సమైక్యతం చేయడానికి మరొక మార్గం రవాణా ప్రణాళికను భూ వినియోగ ప్రణాళికతో అనుసంధానించడం. ఈ విధంగా, రవాణా అవసరాలను తీర్చడానికి భూ వినియోగాన్ని ఉపయోగించవచ్చు. ఉదాహరణకు, రైలు మార్గాలు లేదా బస్ స్టేషన్లకు సమీపంలో నివాస ప్రాంతాలు లేదా వ్యాపార ప్రాంతాలను అభివృద్ధి చేయడం ద్వారా, మనం రవాణాను మరింత సమర్థవంతంగా చేయవచ్చు.

భూ వినియోగం మరియు రవాణాను సమైక్యతం చేయడానికి ప్రభుత్వం కొన్ని చర్యలు తీసుకోవచ్చు. ఉదాహరణకు, ప్రభుత్వం భూ వినియోగ మరియు రవాణా ప్రణాళికను

అభివృద్ధి చేయడానికి సంయుక్తంగా పనిచేయడానికి ప్రైవేట్ రంగానికి మరియు సమాజానికి అవకాశం కల్పించవచ్చు. ప్రభుత్వం భూ వినియోగం మరియు రవాణాను సమన్వయం చేయడానికి సంబంధించిన నియమాలు మరియు నిబంధనలను రూపొందించవచ్చు.

భూ వినియోగం మరియు రవాణాను సమైక్యృతం చేయడం ద్వారా, మనం కింది ప్రయోజనాలను పొందవచ్చు:

- రవాణా సమర్థవంతత మరియు శక్తి సామర్థ్యం పెరుగుతుంది.
- వాయు కాలుష్యం మరియు ఇతర పర్యావరణ ప్రభావాలు తగ్గుతాయి.
- జనాభా ఆరోగ్యం మెరుగుపడుతుంది.
- నగరాలు మరియు పట్టణాలు సౌకర్యవంతంగా మరియు ఆకర్షణీయంగా ఉంటాయి.

కేసు స్టడీస్: స్థిరమైన శివారు ప్రాంతాలు మరియు ప్రాంతీయ రవాణా నెట్‌వర్క్‌లు

ప్రవేశం

శివారు ప్రాంతాలు నగరాలకు అనుసంధానించే ముఖ్యమైన భాగాలు. అవి నగరాలకు భూమి, నీరు, శక్తి మరియు ఇతర సహజ వనరులను అందిస్తాయి. అవి నగరాలకు పని, విద్య మరియు వినోదం వంటి సేవలను కూడా అందిస్తాయి.

శివారు ప్రాంతాలు సాంప్రదాయంగా పర్యావరణానికి హానికరం. అవి పెద్ద మొత్తంలో వాహనాల ఉద్గారాలకు కారణమవుతాయి, ఇది గాలి కాలుష్యం, వాతావరణ మార్పు మరియు ఆరోగ్య సమస్యలకు దారితీస్తుంది.

స్థిరమైన శివారు ప్రాంతాలను అభివృద్ధి చేయడం ద్వారా, ఈ పర్యావరణ ప్రభావాలను తగ్గించవచ్చు. స్థిరమైన శివారు ప్రాంతాలు నడక, సైక్లింగ్ మరియు ప్రజా రవాణాకు అనుకూలంగా ఉంటాయి. అవి స్థానిక వనరులను ఉపయోగిస్తాయి మరియు పర్యావరణ స్నేహపూర్వక నిర్మాణాలను ఉపయోగిస్తాయి.

ప్రాంతీయ రవాణా నెట్‌వర్క్‌లు (RTNs) శివారు ప్రాంతాలను నగరాలకు అనుసంధానించడానికి ఒక ముఖ్యమైన మార్గం. RTNs నడక, సైక్లింగ్ మరియు ప్రజా రవాణాకు అనుకూలంగా ఉండాలి. అవి నగరాల మధ్య సమర్థవంతమైన మరియు స్థిరమైన రవాణాను అందించాలి.

కేసు స్టడీస్

ఈ వ్యాసం కింది కేసు స్టడీలను వివరిస్తుంది:

- సెంటెర్ సిటీ, కాలిఫోర్నియా: సెంటెర్ సిటీ అనేది ఒక నగర యొక్క ఉపనగరం, ఇది నడక, సైక్లింగ్ మరియు ప్రజా రవాణాకు అనుకూలంగా ఉంటుంది.
- లాస్ గ్వాడల్పెజ్, మెక్సికో: లాస్ గ్వాడల్పెజ్ అనేది ఒక నగర యొక్క ఉపనగరం, ఇది RTNను అభివృద్ధి చేస్తోంది.
- మెల్‌బోర్న్, ఆస్ట్రేలియా: మెల్‌బోర్న్ అనేది ఒక నగరం, ఇది RTNలను అభివృద్ధి చేస్తోంది.

సెంటెర్ సిటీ, కాలిఫోర్నియా

సెంటెర్ సిటీ అనేది ఒక నగర యొక్క ఉపనగరం, ఇది నడక, సైక్లింగ్ మరియు ప్రజా రవాణాకు అనుకూలంగా ఉంటుంది. నగరం ప్రజా రవాణాను ప్రోత్సహించడానికి అనేక చర్యలు తీసుకుంది. ఈ చర్యలలో:

- నగరం ఒక ప్రజా రవాణా సిస్టమ్‌ను అభివృద్ధి చేసింది, ఇది నగరంలోని ప్రధాన ప్రాంతాలను కలుపుతుంది.

Chapter 4: Electric Vehicles: The Clean Driving Revolution

భాగం 4: ఎలక్ట్రిక్ వాహనాలు: శుభ్రమైన డ్రైవింగ్ విప్లవం

EV టెక్నాలజీలు మరియు ఛార్జింగ్ ఇన్ఫ్రాస్ట్రక్చర్: రేంజ్ ఆందోళన మరియు అందుబాటుతనం అధిగమించడం

ప్రవేశం

విద్యుత్ వాహనాలు (EVs) పర్యావరణానికి మరియు ఆరోగ్యానికి మంచివి. అవి గాలి కాలుష్యం మరియు వాతావరణ మార్పులను తగ్గించడంలో సహాయపడతాయి. అయితే, EVs కొన్ని సవాళ్లను ఎదుర్కొంటున్నాయి. వాటిలో రేంజ్ ఆందోళన మరియు అందుబాటుతనం ఉన్నాయి.

రేంజ్ ఆందోళన

రేంజ్ ఆందోళన అనేది EV యొక్క పరిధి గురించి ఉన్న ఆందోళన. EVs లో ఉన్న బ్యాటరీలు పరిమిత పరిధిని కలిగి ఉంటాయి. ఇది EV యజమానులను వారి వాహనాలను ఎక్కడికి తీసుకెళ్లగలరో గురించి ఆలోచించేలా చేస్తుంది.

అందుబాటుతనం

అందుబాటుతనం అనేది EV ఛార్జింగ్ స్టేషన్ల యొక్క అందుబాటును సూచిస్తుంది. EV యజమానులు తమ

వాహనాలను ఛార్జ్ చేయడానికి ఛార్జింగ్ స్టేషన్లను కనుగొనడం కష్టంగా ఉంటే, ఇది వారి EV ను ఉపయోగించడాన్ని నిరోధించవచ్చు.

EV టెక్నాలజీలు

EV టెక్నాలజీలు రేంజ్ మరియు అందుబాటుతనం సమస్యలను పరిష్కరించడానికి పని చేస్తున్నాయి. ఈ టెక్నాలజీలలో కొన్ని:

- నూతన బ్యాటరీ సాంకేతికతలు: ఈ సాంకేతికతలు బ్యాటరీల పరిధిని మరియు సామర్థ్యాన్ని పెంచడానికి రూపొందించబడ్డాయి.
- ఛార్జింగ్ సాంకేతికతలు: ఈ సాంకేతికతలు ఛార్జింగ్ వేగాన్ని పెంచడానికి మరియు ఛార్జింగ్ స్టేషన్లను మరింత అందుబాటులోకి తీసుకురావడానికి రూపొందించబడ్డాయి.

ఛార్జింగ్ ఇన్ఫ్రాస్ట్రక్చర్

ఛార్జింగ్ ఇన్ఫ్రాస్ట్రక్చర్‌ను మెరుగుపరచడానికి కూడా పని జరుగుతోంది. ఈ ప్రయత్నాలలో కొన్ని:

- ప్రభుత్వ ప్రోత్సాహాలు: ప్రభుత్వాలు ఛార్జింగ్ స్టేషన్లను నిర్మించడానికి మరియు ఛార్జింగ్ సేవలను అందించడానికి ప్రైవేట్ సంస్థలకు ప్రోత్సాహాలు అందిస్తున్నాయి.
- పెరుగుతున్న ప్రజాదరణ: EVల పెరుగుతున్న ప్రజాదరణ ఛార్జింగ్ స్టేషన్లకు మరింత అవసరాన్ని సృష్టిస్తోంది.

ఫలితాలు

EV టెక్నాలజీలు మరియు ఛార్జింగ్ ఇన్‌ఫ్రాస్ట్రక్చర్ రెండూ రేంజ్ ఆందోళన మరియు అందుబాటుతనం సమస్యలను పరిష్కరించడానికి సహాయపడుతున్నాయి.

పబ్లిక్ EV ఫ్లీట్‌లు మరియు మైక్రోమొబిలిటీ షేరింగ్: షేర్డ్ మొబిలిటీ మోడళ్లను స్వీకరించడం

పరిచయం

ప్రపంచ వ్యాప్తంగా, పట్టణీకరణ మరియు వాతావరణ మార్పు వంటి సవాళ్లను ఎదుర్కోవడానికి షేర్డ్ మొబిలిటీ మోడళ్లను ప్రోత్సహించడంపై దృష్టి పెడుతోంది. షేర్డ్ మొబిలిటీ అనేది వ్యక్తిగతంగా వాహనాన్ని కలిగి ఉండకుండా, అవసరమైనప్పుడు మాత్రమే వాహనాన్ని ఉపయోగించే విధానం. ఇది రవాణాలోని వ్యక్తిగత ఆస్తిని తగ్గించడంలో సహాయపడుతుంది, ఇది శక్తి వినియోగం మరియు వాతావరణ మార్పుపై ప్రభావాన్ని తగ్గిస్తుంది.

పబ్లిక్ EV ఫ్లీట్‌లు మరియు మైక్రోమొబిలిటీ షేరింగ్ రెండూ షేర్డ్ మొబిలిటీ మోడళ్లకు ఉదాహరణలు. పబ్లిక్ EV ఫ్లీట్‌లు ప్రభుత్వం లేదా ప్రైవేట్ సంస్థలచే నిర్వహించే విద్యుత్ వాహనాల శ్రేణి. మైక్రోమొబిలిటీ షేరింగ్ అనేది స్కూటర్లు, బైక్‌లు మరియు ఇతర చిన్న, మూడు చక్రాల వాహనాలను షేర్ చేయడం.

ఈ రెండు మోడళ్లూ పట్టణ ప్రాంతాలలో మరింత సమర్థవంతమైన మరియు స్థిరమైన రవాణాను అందించడానికి హామీ ఇస్తాయి. అయితే, వాటిని విజయవంతంగా అమలు చేయడానికి కొన్ని సవాళ్లు ఉన్నాయి.

పబ్లిక్ EV ఫ్లీట్‌లు

పబ్లిక్ EV ఫ్లీట్‌ల ప్రయోజనాలు:

అవి శక్తి వినియోగం మరియు వాతావరణ మార్పుపై ప్రభావాన్ని తగ్గిస్తాయి.

అవి పట్టణ ప్రాంతాలలో గాలి కాలుష్యాన్ని తగ్గిస్తాయి.

అవి ప్రజలకు ప్రజా రవాణాకు మరింత సులభమైన ప్రత్యామ్నాయాన్ని అందిస్తాయి.

పబ్లిక్ EV ఫ్లీట్‌ల సవాళ్లు:

- వాటిని ప్రారంభించడానికి మరియు నిర్వహించడానికి ఖరీదైనది.
- వాటిని విజయవంతంగా అమలు చేయడానికి అధిక స్థాయి ఛార్జింగ్ సౌకర్యాల అవసరం ఉంది.

మైక్రోమొబిలిటీ షేరింగ్

మైక్రోమొబిలిటీ షేరింగ్ యొక్క ప్రయోజనాలు:

- ఇది పట్టణ ప్రాంతాలలో రవాణాను మరింత సమర్థవంతంగా చేస్తుంది.
- ఇది వాస్తవానికి వాహనాలను కలిగి ఉండే అవసరాన్ని తగ్గిస్తుంది.
- ఇది పట్టణ ప్రాంతాలలో గాలి కాలుష్యాన్ని తగ్గిస్తుంది.

స్మార్ట్ ట్రాఫిక్ మేనేజ్‌మెంట్ మరియు వాహన-టు-ఎవరీ కమ్యూనికేషన్

పరిచయం

ట్రాఫిక్ అనేది పట్టణాలలోని ప్రధాన సమస్యలలో ఒకటి. ట్రాఫిక్ జామ్‌లు, వాయు కాలుష్యం మరియు రవాణా వ్యర్థం వంటి అనేక సమస్యలకు దారితీస్తాయి. ట్రాఫిక్ సమస్యలను పరిష్కరించడానికి, స్మార్ట్ ట్రాఫిక్ మేనేజ్‌మెంట్ (STM) మరియు వాహన-టు-ఎవరీ (V2X) కమ్యూనికేషన్ వంటి సాంకేతికతలపై దృష్టి పెడుతున్నారు.

STM అనేది ట్రాఫిక్ డేటాను సేకరించడం, ప్రాసెస్ చేయడం మరియు విశ్లేషించడం ద్వారా ట్రాఫిక్‌ను మెరుగుపరచడానికి ఉపయోగించే సాంకేతికతల సమితి. V2X కమ్యూనికేషన్ అనేది వాహనాలు, ఇతర వాహనాలు, మౌలిక సదుపాయాలు మరియు ట్రాఫిక్ నియంత్రణ వ్యవస్థలతో ఒకదానికొకటి కమ్యూనికేట్ చేయడానికి ఉపయోగించే సాంకేతికత.

STM

STM అనేది ట్రాఫిక్ డేటాను సేకరించడం, ప్రాసెస్ చేయడం మరియు విశ్లేషించడం ద్వారా ట్రాఫిక్‌ను మెరుగుపరచడానికి ఉపయోగించే సాంకేతికతల సమితి. ఈ డేటాను ఉపయోగించి, ట్రాఫిక్ నియంత్రణ వ్యవస్థలు ట్రాఫిక్ జామ్‌లను నివారించడానికి లేదా తగ్గించడానికి చర్యలు తీసుకోవచ్చు.

STM లో ఉపయోగించే కొన్ని సాంకేతికతలు ఇక్కడ ఉన్నాయి:

- ట్రాఫిక్ కెమెరాలు: ట్రాఫిక్ కెమెరాలు ట్రాఫిక్ కదలికను ట్రాక్ చేయడానికి మరియు డేటాను సేకరించడానికి ఉపయోగించబడతాయి.
- లేజర్ స్కానర్లు: లేజర్ స్కానర్లు ట్రాఫిక్ కదలికను మరింత ఖచ్చితంగా ట్రాక్ చేయడానికి ఉపయోగించబడతాయి.
- రేడార్లు: రేడార్లు ట్రాఫిక్ కదలికను మరింత పొడవైన దూరంలో ట్రాక్ చేయడానికి ఉపయోగించబడతాయి.
- GNSS (గ్లోబల్ నావిగేషన్ సిస్టమ్): GNSS ట్రాఫిక్ కదలికను ట్రాక్ చేయడానికి మరియు వాహనాల స్థానాన్ని నిర్ణయించడానికి ఉపయోగించబడుతుంది.

EV స్వీకరణ కోసం విధానం మరియు ప్రోత్సాహాలు: మార్కెట్ అడ్డంకులను అధిగమించడం

పరిచయం

విద్యుత్ వాహనాలు (EVs) పర్యావరణానికి మరింత అనుకూలమైన మరియు ఖరీదైన ఎంపికగా పరిగణించబడుతున్నాయి. అయితే, EV స్వీకరణను పెంచడానికి మార్కెట్ అడ్డంకులను అధిగమించడానికి ప్రభుత్వాలు మరియు ప్రైవేట్ రంగం కలిసి పని చేయాలి.

EV స్వీకరణను పెంచడానికి మార్కెట్ అడ్డంకులు

EV స్వీకరణను పెంచడానికి మార్కెట్ అడ్డంకులు ఇక్కడ ఉన్నాయి:

- ధర: EV లు ఇంకా ఇంధన వాహనాల కంటే ఎక్కువ ఖరీదైనవి.
- ఛార్జింగ్: EV లు ఛార్జ్ చేయడానికి సమయం పడుతుంది మరియు ఛార్జింగ్ సౌకర్యాలు తక్కువగా ఉన్నాయి.
- ప్రాసార్యత: కొంతమంది వినియోగదారులు EV ల యొక్క పరిమిత ప్రాసార్యత గురించి ఆందోళన చెందుతున్నారు.

EV స్వీకరణను పెంచడానికి విధానం మరియు ప్రోత్సాహాలు

EV స్వీకరణను పెంచడానికి, ప్రభుత్వాలు మరియు ప్రైవేట్ రంగం కలిసి పని చేయాలి. కొన్ని ప్రభుత్వ విధానాలు మరియు ప్రోత్సాహాలు ఇక్కడ ఉన్నాయి:

- ధరలను తగ్గించడానికి ప్రోత్సాహాలు: ప్రభుత్వాలు EV ల కోసం ప్రత్యేక ప్రోత్సాహాలు అందించడం ద్వారా ధరలను తగ్గించడంలో సహాయపడతాయి. ఈ ప్రోత్సాహాలు యూరోప్ మరియు చైనా వంటి దేశాలలో విజయవంతంగా ఉన్నాయి.

- ఛార్జింగ్ సౌకర్యాలను మెరుగుపరచడానికి ప్రోత్సాహాలు: ప్రభుత్వాలు ఛార్జింగ్ సౌకర్యాలను అభివృద్ధి చేయడానికి మరియు విస్తరించడానికి ప్రోత్సాహాలు అందించడం ద్వారా ఛార్జింగ్ సౌకర్యాలను మెరుగుపరచడంలో సహాయపడతాయి. ఈ ప్రోత్సాహాలు ఛార్జింగ్ సౌకర్యాలను మరింత అందుబాటులో మరియు సౌకర్యవంతంగా చేయడంలో సహాయపడతాయి.

- ప్రాసార్యతను పెంచడానికి ప్రచారం: ప్రభుత్వాలు మరియు EV తయారీదారులు EV ల యొక్క ప్రయోజనాలను ప్రోత్సహించడానికి ప్రచారం చేయడం ద్వారా ప్రాసార్యతను పెంచడంలో సహాయపడతాయి. ఈ ప్రచారం EV ల గురించి ప్రజల అవగాహనను పెంచడంలో మరియు వాటిని మరింత ఆకర్షణీయంగా చేయడంలో సహాయపడుతుంది.

కేసు స్టడీస్: EV స్వీకరణలో ముందం ఉన్న నగరాలు

పరిచయం

విద్యుత్ వాహనాల (EVs) స్వీకరణ ప్రపంచవ్యాప్తంగా పెరుగుతోంది. ఈ పెరుగుదలకు అనేక కారణాలు ఉన్నాయి, వీటిలో వాతావరణ మార్పుతో పోరాడటానికి ప్రభుత్వాల ప్రయత్నాలు, ఇంధన ధరల పెరుగుదల మరియు EVs యొక్క పెరుగుతున్న శ్రేణి మరియు శక్తివంతమైన పనితీరు ఉన్నాయి.

EV స్వీకరణలో ముందం ఉన్న కొన్ని నగరాలు ఉన్నాయి. ఈ నగరాలు వివిధ పాలసీలు మరియు ప్రోత్సాహాలను అమలు చేశాయి, ఇవి EVలను కొనుగోలు చేయడానికి మరియు ఉపయోగించడానికి మరింత ఆకర్షణీయంగా చేశాయి.

ఈ కేసు స్టడీస్‌లో, EV స్వీకరణలో ముందం ఉన్న కొన్ని నగరాలను పరిశీలిస్తాము. ఈ నగరాలు ఏమి చేస్తున్నాయి మరియు వారి విజయాలు మరియు వైఫల్యాలు ఏమిటి?

న్యూయార్క్ నగరం

న్యూయార్క్ నగరం EV స్వీకరణలో ప్రపంచంలోనే అగ్రగామి నగరాలలో ఒకటి. నగరం 2035 నాటికి 100% EV ఫ్లీట్‌ను సాధించాలనే లక్ష్యాన్ని పెట్టుకుంది.

న్యూయార్క్ నగరం EVలను కొనుగోలు చేయడానికి మరియు ఉపయోగించడానికి అనేక ప్రోత్సాహాలను అందిస్తుంది. వీటిలో ఉన్నాయి:

EV స్కోవర్బోర్డ్స్: నగరం EV కొనుగోలుదారులకు $2,000 వరకు క్రెడిట్‌ను అందిస్తుంది.

EV ఛార్జింగ్ స్టేషన్‌లు: నగరం ప్రజా EV ఛార్జింగ్ స్టేషన్‌ల నెట్ వర్క్‌ను నిర్మిస్తోంది.

EV ఫారెస్ట్: నగరం EVల కోసం ప్రత్యేకంగా రూపొందించిన పాకర్‌లను నిర్మిస్తోంది.

ఈ ప్రోత్సాహాలు ఫలితాలను చూపించాయి. 2022లో, న్యూయార్క్ నగరంలో EVల విక్రయాలు 2021తో పోలిస్తే 90% పెరిగాయి.

లండన్

లండన్ కూడా EV స్వీకరణలో ముందం ఉన్న నగరాలలో ఒకటి. నగరం 2030 నాటికి 100% EV ఫ్లీట్‌ను సాధించాలనే లక్ష్యాన్ని పెట్టుకుంది.

లండన్ EVలను కొనుగోలు చేయడానికి మరియు ఉపయోగించడానికి అనేక ప్రోత్సాహాలను అందిస్తుంది. వీటిలో ఉన్నాయి:

- కొనుగోలు సబ్సిడీలు: నగరం EV కొనుగోలుదారులకు £1,500 వరకు క్రెడిట్‌ను అందిస్తుంది.
- టోల్ రిడక్షన్: EVలకు కొన్ని టోల్‌లలో తగ్గింపు లేదా మినహాయింపు ఉంది.

Chapter 5: Autonomous Vehicles: Promise and Perils

భాగం 5: స్వయంప్రతిపత్తి కార్లు: వాగ్దానాలు మరియు ప్రమాదాలు

స్వయం డ్రైవింగ్ కార్లు: నగర దృశ్యాలను మార్చడం మరియు మొబిలిటీని పునర్నిర్మించడం

పరిచయం

స్వయం డ్రైవింగ్ కార్లు (SDCలు) ఇప్పటికీ అభివృద్ధిలో ఉన్నాయి, అయితే అవి నగర దృశ్యాలను మార్చడానికి మరియు మొబిలిటీని పునర్నిర్మించడానికి శక్తిని కలిగి ఉన్నాయి. SDCలు పార్కింగ్, ట్రాఫిక్ మరియు వాతావరణ మార్పుల సమస్యలను పరిష్కరించడానికి సహాయపడతాయి.

SDCల ప్రభావం

SDCలు నగర దృశ్యాలపై అనేక విధాలుగా ప్రభావం చూపుతాయి. వారు:

- పార్కింగ్ స్థలాన్ని విముక్తి చేస్తారు: SDCలు పాక్ చేయడానికి మానవ డ్రైవర్లకు అవసరమైనంత స్థలం అవసరం లేదు. ఇది నగరాలలో పార్కింగ్ స్థలం కోసం డిమాండ్‌ను తగ్గిస్తుంది మరియు మరింత ప్రజా ప్రదేశాలను కోసం స్థలాన్ని విడుదల చేస్తుంది.

- ట్రాఫిక్ను మెరుగుపరుస్తుంది: SDCలు మానవ డ్రైవర్ల కంటే మరింత సమర్థవంతంగా ట్రాఫిక్ను నిర్వహించగలవు. వారు ఒకదానికొకటి దగ్గరగా ప్రయాణించగలవు మరియు ట్రాఫిక్ జామ్లను నివారించడానికి సమన్వయం చేయగలవు.

- వాతావరణ మార్పులను తగ్గిస్తుంది: SDCలు ఇంధన మరియు కారణమయ్యే వాయు కాలుష్యం యొక్క మొత్తాన్ని తగ్గించడంలో సహాయపడతాయి.

SDCలకు సవాళ్లు

SDCలు ఇంకా అనేక సవాళ్లను ఎదుర్కొంటున్నాయి. వీటిలో ఉన్నాయి:

- సాంకేతిక పరిమితులు: SDCలు ఇంకా పరిపూర్ణంగా లేవు మరియు అవి కొన్ని పరిస్థితులలో తప్పులు చేయవచ్చు.
- చట్టపరమైన సమస్యలు: SDCలను చట్టబద్ధం చేయడానికి మరియు వాటిని సురక్షితంగా ఉపయోగించడానికి నియమాలు అభివృద్ధి చేయాలి.
- సామాజిక సమస్యలు: SDCలు ఉపాధి కోల్పోవడానికి మరియు కొత్త సామాజిక సమస్యలను సృష్టించడానికి దారితీయవచ్చు.

చివరగా

SDCలు నగర దృశ్యాలను మార్చడానికి మరియు మొబిలిటీని పునర్నిర్మించడానికి శక్తిని కలిగి ఉన్నాయి. అయితే, అవి ఇంకా అనేక సవాళ్లను ఎదుర్కొంటున్నాయి.

భద్రత, నీతి మరియు నియంత్రణ సవాళ్లు: బాధ్యతాయుతమైన అభివృద్ధిని నిర్ధారించడం

పరిచయం

స్వయం-డ్రైవింగ్ వాహనాలు (SDCలు) మొబిలిటీని మార్చే సామర్థ్యాన్ని కలిగి ఉన్నాయి. అయితే, ఈ సాంకేతికత భద్రత, నీతి మరియు నియంత్రణ వంటి అనేక సవాళ్లను కూడా ఎదుర్కొంటుంది.

భద్రత సవాళ్లు

SDCలు ఇంకా పరిపూర్ణంగా లేవు మరియు అవి కొన్ని పరిస్థితులలో తప్పులు చేయవచ్చు. ఈ తప్పులు ప్రమాదాలకు దారితీయవచ్చు.

SDCల భద్రతను మెరుగుపరచడానికి అనేక పనులు చేయవచ్చు. వీటిలో ఉన్నాయి:

- మరింత డేటాను సేకరించడం మరియు ప్రాసెస్ చేయడం: SDCలు మరింత డేటాను సేకరించి ప్రాసెస్ చేయగలిగితే, అవి మరింత సమగ్రమైన మరియు ఖచ్చితమైన నిర్ణయాలు తీసుకోగలవు.

- మరింత అధునాతన సాంకేతికతను ఉపయోగించడం: SDCలు మరింత అధునాతన సాంకేతికతను ఉపయోగించగలిగితే, అవి ప్రమాదాలను నివారించడంలో మరింత మంచిగా ఉంటాయి.

- నైతిక నియమాలను అభివృద్ధి చేయడం: SDCలు తీసుకోగల నిర్ణయాల గురించి నైతిక నియమాలను అభివృద్ధి చేయడం

ముఖ్యం. ఇది ప్రమాదాలను నివారించడానికి మరియు ప్రజల హక్కులను రక్షించడానికి సహాయపడుతుంది.

నీతి సవాళ్లు

SDCల అభివృద్ధి మరియు ఉపయోగం అనేక నైతిక సమస్యలను లేవదీస్తుంది. వీటిలో ఉన్నాయి:

- ఎవరు SDCలను నియంత్రిస్తారు?: SDCలను ఎవరు నియంత్రిస్తారు అనేది ముఖ్యమైన ప్రశ్న. ప్రభుత్వాలు, ప్రైవేట్ కంపెనీలు లేదా కలయిక SDCలను నియంత్రించాలా?

- SDCలు ఎవరి కోసం?: SDCలు ఎవరి కోసం ఉంటాయి? అవి అందరికీ అందుబాటులో ఉంటాయి లేదా అవి ధనికలకు మాత్రమే అందుబాటులో ఉంటాయి?

- SDCలు ఎలా ఉపయోగించబడతాయి?: SDCలు ఎలా ఉపయోగించబడతాయి అనేది ముఖ్యమైన ప్రశ్న. అవి ప్రజల ప్రయాణాన్ని మెరుగుపరచడానికి ఉపయోగించబడతాయి లేదా అవి శక్తి లేదా వనరులను కొత్త మార్గాల్లో వినియోగించడానికి ఉపయోగించబడతాయి?

ఈ నైతిక సమస్యలను పరిష్కరించడానికి అనేక వేర్వేరు అభిప్రాయాలు ఉన్నాయి. ఈ సమస్యలను పరిష్కరించడానికి స్పష్టమైన సమాధానం లేదు, కానీ ఈ సమస్యలను పరిగణనలోకి తీసుకోవడం ముఖ్యం.

ప్రజా రవాణా సమైకృతం మరియు మైక్రోమొబిలిటీ భాగస్వామ్యాలు

ప్రజా రవాణా మరియు మైక్రోమొబిలిటీ రెండూ నగరాలలో మొబిలిటీని మెరుగుపరచడానికి ముఖ్యమైన సాధనాలు. ప్రజా రవాణా సమైకృతం మరియు మైక్రోమొబిలిటీ భాగస్వామ్యాలు ఈ రెండు వ్యవస్థలను మరింత సమర్థవంతంగా మరియు సౌకర్యవంతంగా చేయడానికి సహాయపడతాయి.

ప్రజా రవాణా సమైకృతం అనేది వివిధ రకాల ప్రజా రవాణా సేవలను కలిపి ఉండటం. ఇది ప్రజలకు వారి ప్రయాణాలను మరింత సమర్థవంతంగా మరియు సౌకర్యవంతంగా చేయడంలో సహాయపడుతుంది.

ప్రజా రవాణా సమైకృతానికి అనేక మార్గాలు ఉన్నాయి. ఒక మార్గం వివిధ రకాల ప్రజా రవాణా సేవలను ఒకే టిక్కెట్ లేదా యాప్‌తో ఉపయోగించడానికి అనుమతించే ఫార్మాట్‌ను అభివృద్ధి చేయడం. మరొక మార్గం వివిధ రకాల ప్రజా రవాణా సేవలను మరింత సమర్థవంతంగా కనెక్ట్ చేయడం. ఇది ట్రాన్స్ఫర్‌లను సులభతరం చేయడానికి మరియు ప్రయాణాలను వేగవంతం చేయడానికి సహాయపడుతుంది.

మైక్రోమొబిలిటీ అనేది చిన్న, స్వల్ప-దూర ప్రయాణాల కోసం ఉపయోగించే రవాణా సాధనాలను సూచిస్తుంది. ఇందులో బైక్‌లు, స్కూటర్‌లు, ఈ-స్కూటర్‌లు మరియు ఈ-బైక్‌లు ఉన్నాయి.

మైక్రోమొబిలిటీ భాగస్వామ్యాలు అనేవి మైక్రోమొబిలిటీ సాధనాలను పంచుకునే వ్యవస్థలు. ఇవి ప్రజలకు ఈ సాధనాలను అందుబాటులో ఉంచడానికి మరియు వాటిని

ఉపయోగించడం సులభతరం చేయడానికి సహాయపడతాయి.

ప్రజా రవాణా సమైకృతం మరియు మైక్రోమొబిలిటీ భాగస్వామ్యాలు కలిసి ప్రజలకు మరింత మెరుగైన మొబిలిటీ మరియు రవాణా ఎంపికలను అందించగలవు. అవి నగరాలను మరింత సమర్థవంతంగా మరియు సౌకర్యవంతంగా మార్చడంలో సహాయపడతాయి.

ప్రజా రవాణా సమైకృతం మరియు మైక్రోమొబిలిటీ భాగస్వామ్యాల ప్రయోజనాలు

ప్రయాణ సమయం మరియు ఖర్చు తగ్గుతుంది: ప్రజా రవాణా సమైకృతం మరియు మైక్రోమొబిలిటీ భాగస్వామ్యాలు ప్రజలకు వారి ప్రయాణాలను మరింత సమర్థవంతంగా మరియు సౌకర్యవంతంగా చేయడంలో సహాయపడతాయి. ఇది ప్రయాణ సమయం మరియు ఖర్చును తగ్గించడంలో సహాయపడుతుంది.

భవిష్యత్తు ఉద్యోగాల కోసం ప్రణాళిక మరియు ఉద్యోగాలపై ప్రభావం

పరిచయం

భవిష్యత్తులో ఉద్యోగాలు ఎలా ఉండబోతున్నాయనే దానిపై చాలా చర్చ జరుగుతోంది. కొంతమంది నిపుణులు ఆటోమేషన్ మరియు ఇతర పరిణామాల కారణంగా అనేక ఉద్యోగాలు కోల్పోతాయని అంచనా వేస్తున్నారు. మరికొందరు కొత్త సాంకేతికతలు మరియు వ్యాపారా అవకాశాల కారణంగా కొత్త ఉద్యోగాలు సృష్టించబడతాయని అంచనా వేస్తున్నారు.

ఈ వ్యాసం భవిష్యత్తు ఉద్యోగాల కోసం ప్రణాళిక ఎలా చేయాలో మరియు ఉద్యోగాలపై పరిణామాల గురించి చర్చిస్తుంది.

భవిష్యత్తు ఉద్యోగాలపై పరిణామాలు

భవిష్యత్తు ఉద్యోగాలపై అనేక పరిణామాలు ఉండే అవకాశం ఉంది. ఈ పరిణామాలలో కొన్ని:

- ఆటోమేషన్: ఆటోమేషన్ అనేది భవిష్యత్తు ఉద్యోగాలపై అతిపెద్ద ప్రభావాలలో ఒకటి. ఆటోమేషన్ వల్ల అనేక పనితీరులను మెషీన్లు చేయగలవు, ఇది ప్రస్తుతం మానవులచే నిర్వహించబడుతున్న ఉద్యోగాలను కోల్పోతుంది.
- కొత్త సాంకేతికతలు: కొత్త సాంకేతికతలు కూడా భవిష్యత్తు ఉద్యోగాలపై ప్రభావం చూపుతాయి. కొత్త సాంకేతికతలను అభివృద్ధి చేయడానికి మరియు నిర్వహించడానికి కొత్త ఉద్యోగాలు అవసరం.

- వ్యాపారా అవకాశాలు: ప్రపంచంలోని మార్పుల కారణంగా కొత్త వ్యాపారా అవకాశాలు కూడా సృష్టించబడతాయి. ఈ వ్యాపారా అవకాశాలను అభివృద్ధి చేయడానికి కొత్త ఉద్యోగాలు అవసరం.

భవిష్యత్తు ఉద్యోగాల కోసం ప్రణాళిక

భవిష్యత్తు ఉద్యోగాలకు సిద్ధంగా ఉండటానికి, మీరు మీ నైపుణ్యాలను మరియు సామర్థ్యాలను అభివృద్ధి చేయడంపై దృష్టి పెట్టాలి. మీరు కొత్త సాంకేతికతలను నేర్చుకోవాలి మరియు మార్చుకునే సామర్థ్యాన్ని అభివృద్ధి చేయాలి.

భవిష్యత్తు ఉద్యోగాల కోసం ప్రణాళిక చేయడానికి కొన్ని చిట్కాలు ఇక్కడ ఉన్నాయి:

- మీ నైపుణ్యాలను అంచనా వేయండి: మీరు ఏ నైపుణ్యాలను కలిగి ఉన్నారో మరియు మీరు ఏ నైపుణ్యాలను అభివృద్ధి చేయాలనుకుంటున్నారో అంచనా వేయండి.
- కొత్త సాంకేతికతలను నేర్చుకోండి: కొత్త సాంకేతికతలను నేర్చుకోవడం భవిష్యత్తు ఉద్యోగాలకు సిద్ధంగా ఉండటానికి ముఖ్యం.

కేసు స్టడీస్: స్వయంప్రతిపత్తి కార్ల యొక్క పైలట్ కార్యక్రమాలు మరియు ప్రారంభ అమలు

పరిచయం

స్వయంప్రతిపత్తి కారు అనేది మానవ డ్రైవింగ్ లేకుండా స్వయంగా నడపగల కారు. స్వయంప్రతిపత్తి కారు యొక్క సాంకేతికత ఇంకా అభివృద్ధిలో ఉంది, కానీ ఇది భవిష్యత్తులో ట్రాఫిక్ సురక్షితతను మెరుగుపరచడానికి మరియు రవాణాను మరింత సమర్థవంతంగా చేయడానికి ఒక హామీగా ఉంది.

ప్రపంచవ్యాప్తంగా అనేక కంపెనీలు మరియు ప్రభుత్వాలు స్వయంప్రతిపత్తి కారు టెక్నాలజీని అభివృద్ధి చేయడానికి పని చేస్తున్నాయి. ఈ కంపెనీలు మరియు ప్రభుత్వాలు పైలట్ కార్యక్రమాలను ప్రారంభించాయి, ఇవి స్వయంప్రతిపత్తి కారు టెక్నాలజీని వాస్తవ ప్రపంచంలో పరీక్షించడానికి అనుమతిస్తాయి.

ఈ వ్యాసం కేసు స్టడీలను అందిస్తుంది, ఇవి స్వయంప్రతిపత్తి కారు టెక్నాలజీ యొక్క పైలట్ కార్యక్రమాలు మరియు ప్రారంభ అమలును వివరిస్తాయి.

కేసు స్టడీ 1: ప్యూజో సిట్రోయన్ గ్రూప్

ప్యూజో సిట్రోయన్ గ్రూప్ (PSA) అనేది ఒక ఫ్రెంచ్ కార్ల తయారీ సంస్థ. PSA 2016 లో యునైటెడ్ స్టేట్స్‌లో స్వయంప్రతిపత్తి కారు పైలట్ కార్యక్రమాన్ని ప్రారంభించింది. ఈ కార్యక్రమంలో 100 సిట్రోయన్ స్పార్స్

కారును ఉపయోగించారు, ఇవి ఫ్లోరిడాలోని ఓర్లాండోలో పరీక్షించబడ్డాయి.

PSA యొక్క పైలట్ కార్యక్రమం విజయవంతమైంది. కారులు సురక్షితంగా మరియు సమర్థవంతంగా నడిచాయి. కారులు ట్రాఫిక్ జామ్‌లలో కూడా సమర్థవంతంగా నడిచాయి.

PSA యొక్క పైలట్ కార్యక్రమం నుండి, PSA 2023 లో యునైటెడ్ స్టేట్స్‌లో స్వయంప్రతిపత్తి కారును COMMERCIALగా ప్రారంభించాలని ప్రణాళిక చేస్తోంది.

కేసు స్టడీ 2: జనరల్ మోటార్స్

జనరల్ మోటార్స్ (GM) అనేది అమెరికన్ కార్ల తయారీ సంస్థ. GM 2017 లో యునైటెడ్ స్టేట్స్‌లో స్వయంప్రతిపత్తి కారు పైలట్ కార్యక్రమాన్ని ప్రారంభించింది. ఈ కార్యక్రమంలో 100 కొత్త షెవరొలెట్ సెల్టాస్ కారును ఉపయోగించారు, ఇవి యునైటెడ్ స్టేట్స్‌లోని కెంట్కీ మరియు అరిజోనాలో పరీక్షించబడ్డాయి.

Chapter 6: Hyperloop and VTOL: Redefining Speed and Accessibility

భాగం 6: హైపర్‌లూప్ మరియు VTOL: వేగం మరియు అందుబాటుతనంలను పునర్నిర్వచించడం

హైపర్‌లూప్ టెక్నాలజీ: దూరదూరాల ప్రయాణాన్ని విప్లవీకరించడం

పరిచయం

హైపర్‌లూప్ అనేది ఒక కొత్త రకమైన ట్రాన్స్‌పోర్ట్ సిస్టమ్, ఇది ట్రాక్‌పై సునాయాసంగా ప్రయాణించే ట్యూబ్‌లో ఒక ప్యాసింజర్ లేదా క్యారెజ్‌ను ఉపయోగిస్తుంది. హైపర్‌లూప్ ట్రాన్స్‌పోర్ట్ సిస్టమ్‌లు సాధారణ రోడ్లు లేదా రైల్‌ల కంటే చాలా వేగంగా ప్రయాణించగలవు, ఇది దూరదూరాల ప్రయాణాన్ని మరింత సమర్థవంతంగా మరియు సౌకర్యవంతంగా చేయగలదు.

హైపర్‌లూప్ టెక్నాలజీ ఇంకా అభివృద్ధిలో ఉంది, కానీ ఇది భవిష్యత్తులో రవాణాపై గణనీయమైన ప్రభావాన్ని చూపుతుంది.

హైపర్‌లూప్ టెక్నాలజీ యొక్క ప్రయోజనాలు

హైపర్‌లూప్ టెక్నాలజీకి అనేక ప్రయోజనాలు ఉన్నాయి, వీటిలో:

- వేగం: హైపర్‌లూప్ ట్రాన్స్‌పోర్ట్ సిస్టమ్‌లు గంటకు 1,000 మైళ్లకు పైగా ప్రయాణించగలవు. ఇది విమానం కంటే నెమ్మదిగా, కానీ రైలు కంటే వేగంగా ఉంటుంది.
- సమర్థవంతత: హైపర్‌లూప్ ట్రాన్స్‌పోర్ట్ సిస్టమ్‌లు తక్కువ శక్తిని ఉపయోగిస్తాయి. ఇది వాతావరణ మార్పులను తగ్గించడంలో సహాయపడుతుంది.
- సౌకర్యం: హైపర్‌లూప్ ట్రాన్స్‌పోర్ట్ సిస్టమ్‌లు సురక్షితమైనవి మరియు సౌకర్యవంతమైనవి. ట్రాక్‌లో ఒక ప్యాసింజర్ లేదా క్యారేజ్‌ను ఉపయోగించడం వల్ల ట్రాఫిక్ జామ్‌లు మరియు ఇతర ఇబ్బందులను నివారించవచ్చు.

హైపర్‌లూప్ టెక్నాలజీ యొక్క అనువర్తనాలు

హైపర్‌లూప్ టెక్నాలజీని అనేక విభిన్న అనువర్తనాల కోసం ఉపయోగించవచ్చు, వీటిలో:

- దూరదూరాల ప్రయాణం: హైపర్‌లూప్ టెక్నాలజీ దూరదూరాల ప్రయాణాన్ని మరింత సమర్థవంతంగా మరియు సౌకర్యవంతంగా చేయడానికి ఉపయోగించవచ్చు. ఉదాహరణకు, హైపర్‌లూప్ ట్రాన్స్‌పోర్ట్ సిస్టమ్‌లను న్యూయార్క్ నుండి లాస్ ఏంజిల్స్‌కు లేదా టోక్యో నుండి పారిస్‌కు ప్రయాణించడానికి ఉపయోగించవచ్చు.
- కొరియర్ సేవలు: హైపర్‌లూప్ టెక్నాలజీని కొరియర్ సేవల కోసం కూడా ఉపయోగించవచ్చు.

VTOL వాహనాలు: నగర వాయు మొబిలిటీ మరియు వ్యక్తిగత రవాణా

పరిచయం

VTOL అనేది "వెర్టికల్ టేక్-ఆఫ్ అండ్ ల్యాండింగ్" కు సంక్షిప్తీకరణ, ఇది భూమిపై నిలబడి లేదా గుండ్రంగా తిరిగి టేక్-ఆఫ్ మరియు ల్యాండ్ చేయగల వాహనాన్ని సూచిస్తుంది. VTOL వాహనాలు నగర వాయు మొబిలిటీ మరియు వ్యక్తిగత రవాణా కోసం అధునాతన సాధనంగా పరిగణించబడుతున్నాయి.

VTOL వాహనాల ప్రయోజనాలు

VTOL వాహనాలకు అనేక ప్రయోజనాలు ఉన్నాయి, వీటిలో:

- వేగం: VTOL వాహనాలు ట్రాఫిక్ జామ్‌లను నివారించడం ద్వారా వేగంగా ప్రయాణించగలవు.
- సౌకర్యం: VTOL వాహనాలు ప్రయాణికులను మరింత సౌకర్యవంతంగా మరియు సమయాన్ని ఆదా చేస్తాయి.
- సమర్థవంతత: VTOL వాహనాలు రోడ్డు వాహనాల కంటే సమర్థవంతంగా ఉంటాయి, ఇది వాతావరణ మార్పులను తగ్గించడంలో సహాయపడుతుంది.

VTOL వాహనాల అనువర్తనాలు

VTOL వాహనాలను అనేక విభిన్న అనువర్తనాల కోసం ఉపయోగించవచ్చు, వీటిలో:

- నగర వాయు మొబిలిటీ: VTOL వాహనాలు నగర ప్రయాణాన్ని మరింత సౌకర్యవంతంగా మరియు సమయాన్ని ఆదా చేయగలవు. ఉదాహరణకు, వారు ప్రజలను విమానాశ్రయాలకు, రైల్వే స్టేషన్‌లకు లేదా ఇతర ప్రాంతాలకు త్వరగా తీసుకెళ్లవచ్చు.
- వ్యక్తిగత రవాణా: VTOL వాహనాలు వ్యక్తులకు తమ స్వంత వాహనాలను కలిగి ఉండటానికి మరియు ట్రాఫిక్ జామ్‌లను నివారించడానికి మార్గాన్ని అందిస్తాయి.
- ఇతర అనువర్తనాలు: VTOL వాహనాలను కూడా సరుకు రవాణా, పరిశోధన మరియు రక్షణ వంటి ఇతర అనువర్తనాల కోసం ఉపయోగించవచ్చు.

VTOL వాహనాల సవాళ్లు

VTOL వాహనాల అభివృద్ధి మరియు వాణిజ్యీకరణ అనేక సవాళ్లను ఎదుర్కొంటోంది. ఈ సవాళ్లలో కొన్ని:

- సాంకేతికత: VTOL వాహనాలను అభివృద్ధి చేయడం చాలా సవాలుగా ఉంటుంది, ఎందుకంటే అవి చాలా క్లిష్టమైన సాంకేతికతను కలిగి ఉంటాయి.
- నియంత్రణ: VTOL వాహనాలను సురక్షితంగా మరియు సమర్థవంతంగా ఉపయోగించడానికి కఠినమైన నియంత్రణలు అవసరం.

ఉద్భవించే టెక్నాలజీల కోసం మౌలిక సదుపాయాలు, భద్రత మరియు నియంత్రణ చట్రాలు

పరిచయం

ఉద్భవించే టెక్నాలజీలు ప్రపంచాన్ని మార్చడానికి సామర్థ్యం కలిగి ఉన్నాయి. అయితే, ఈ టెక్నాలజీలను సురక్షితంగా మరియు సమర్థవంతంగా ఉపయోగించడానికి, మౌలిక సదుపాయాలు, భద్రత మరియు నియంత్రణ చట్రాలపై శ్రద్ధ వహించడం ముఖ్యం.

ఉద్భవించే టెక్నాలజీలకు అవసరమైన మౌలిక సదుపాయాలు

ఉద్భవించే టెక్నాలజీలను విజయవంతంగా అమలు చేయడానికి, మౌలిక సదుపాయాలలో పెట్టుబడులు అవసరం. ఈ పెట్టుబడులు కొత్త రకాల రవాణా వ్యవస్థలు, కమ్యూనికేషన్ నెట్‌వర్క్‌లు మరియు ఇతర మౌలిక సదుపాయాలను కలిగి ఉండవచ్చు.

ఉదాహరణకు, హైపర్‌లూప్ ట్రాన్స్‌పోర్ట్ సిస్టమ్‌లను నిర్మించడానికి, కొత్త టన్నెల్‌లు మరియు ఇతర మౌలిక సదుపాయాల అవసరం ఉంటుంది. VTOL వాహనాలను వాణిజ్యీకరించడానికి, కొత్త ఎయిర్‌స్పేస్ నియంత్రణ మరియు సురక్షితత చర్యలను అభివృద్ధి చేయడం అవసరం.

ఉద్భవించే టెక్నాలజీలకు అవసరమైన భద్రత

ఉద్భవించే టెక్నాలజీలు సురక్షితంగా ఉండేలా చూసుకోవడం ముఖ్యం. ఈ టెక్నాలజీలను అభివృద్ధి

చేయడానికి మరియు ఉపయోగించడానికి, భద్రతా ప్రమాణాలు మరియు నియంత్రణలను అభివృద్ధి చేయడం అవసరం.

ఉదాహరణకు, స్మార్ట్ సిటీ టెక్నాలజీలను అభివృద్ధి చేయడానికి మరియు ఉపయోగించడానికి, వ్యక్తిగత గోప్యతను రక్షించడానికి మరియు డేటా భద్రతను నిర్ధారించడానికి చర్యలు తీసుకోవాలి.

ఉద్భవించే టెక్నాలజీలకు అవసరమైన నియంత్రణ చట్రాలు

ఉద్భవించే టెక్నాలజీలను సురక్షితంగా మరియు సమర్థవంతంగా ఉపయోగించడానికి, నియంత్రణ చట్రాలను అభివృద్ధి చేయడం అవసరం. ఈ చట్రాలు టెక్నాలజీలను అభివృద్ధి చేయడానికి, ఉపయోగించడానికి మరియు నిర్వహించడానికి నియమాలు మరియు నిబంధనలను సెట్ చేస్తాయి.

పర్యావరణ పరిశీలనలు మరియు స్థిరత్వపు అంచనాలు

పరిచయం

పర్యావరణ పరిశీలనలు మరియు స్థిరత్వపు అంచనాలు అనేవి ఏదైనా ప్రాజెక్ట్ లేదా కార్యకలాపం పర్యావరణంపై ఎలాంటి ప్రభావాన్ని చూపుతుందో అంచనా వేయడానికి ఉపయోగించే పద్ధతులు. ఈ అంచనాలు పర్యావరణ సంరక్షణ మరియు స్థిరత్వానికి కృషి చేస్తున్న ప్రజలు మరియు సంస్థలకు ముఖ్యమైన సాధనాలు.

పర్యావరణ పరిశీలనలు

పర్యావరణ పరిశీలనలు అనేవి ఏదైనా ప్రాజెక్ట్ లేదా కార్యకలాపం పర్యావరణంపై ఏమి ప్రభావాన్ని చూపుతుందో అంచనా వేయడానికి ఉపయోగించే ఒక పద్ధతి. ఈ అంచనాలు సాధారణంగా నాలుగు ప్రధాన అంశాలను పరిగణనలోకి తీసుకుంటాయి:

- గాలి కాలుష్యం: కార్యకలాపాలు గాలిలోకి ఎలాంటి కాలుష్యాన్ని విడుదల చేస్తాయి?
- నీటి కాలుష్యం: కార్యకలాపాలు నీటిలోకి ఎలాంటి కాలుష్యాన్ని విడుదల చేస్తాయి?
- భూ కాలుష్యం: కార్యకలాపాలు భూమిని ఎలాంటి కాలుష్యం చేస్తాయి?
- జీవవైవిధ్యం: కార్యకలాపాలు జీవవైవిధ్యంపై ఎలాంటి ప్రభావాన్ని చూపుతాయి?

స్థిరత్వపు అంచనాలు

స్థిరత్వపు అంచనాలు అనేవి ఏదైనా ప్రాజెక్ట్ లేదా కార్యకలాపం పర్యావరణం, ఆర్థిక వ్యవస్థ మరియు సమాజంపై ఎలాంటి ప్రభావాన్ని చూపుతుందో అంచనా వేయడానికి ఉపయోగించే ఒక పద్ధతి. ఈ అంచనాలు సాధారణంగా పర్యావరణ పరిశీలనలతో పాటు, ఆర్థిక మరియు సామాజిక ప్రభావాలను కూడా పరిగణనలోకి తీసుకుంటాయి.

పర్యావరణ పరిశీలనలు మరియు స్థిరత్వపు అంచనాల ప్రయోజనాలు

పర్యావరణ పరిశీలనలు మరియు స్థిరత్వపు అంచనాలు అనేక ప్రయోజనాలను కలిగి ఉన్నాయి, వీటిలో:

- పర్యావరణ ప్రభావాలను తగ్గించడంలో సహాయపడతాయి: ఈ అంచనాలు ప్రాజెక్ట్‌లను మరియు కార్యకలాపాలను రూపొందించడానికి మరియు అమలు చేయడానికి ముందు వాటి పర్యావరణ ప్రభావాలను అంచనా వేయడానికి అనుమతిస్తాయి. ఇది ప్రభావాలను తగ్గించడానికి చర్యలు తీసుకోవడానికి అవకాశం ఇస్తుంది.

కేసు స్టడీస్: హైపర్‌లూప్ మరియు VTOL యొక్క ప్రారంభ నమూనాలు మరియు సాధ్యం అనువర్తనాలు

పరిచయం

హైపర్‌లూప్ మరియు VTOL రెండూ రవాణా రంగంలో విప్లవాత్మక మార్పులను తీసుకురావడానికి సామర్థ్యం కలిగిన అధునాతన సాంకేతికతలు. ఈ సాంకేతికతల ప్రారంభ నమూనాలు ఇప్పటికే అభివృద్ధిలో ఉన్నాయి మరియు అనేక సాధ్యం అనువర్తనాలను కలిగి ఉన్నాయి.

హైపర్‌లూప్

హైపర్‌లూప్ అనేది ఒక కొత్త రకమైన రవాణా వ్యవస్థ, ఇది గాలి లోపల ఉన్న ఒక ట్యూబ్‌లో సునాయాసంగా ప్రయాణించే ఒక ప్యాసింజర్ లేదా క్యారెజ్‌ను ఉపయోగిస్తుంది. హైపర్‌లూప్ ట్రాన్స్‌పోర్ట్ సిస్టమ్‌లు సాధారణ రోడ్లు లేదా రైల్‌ల కంటే చాలా వేగంగా ప్రయాణించగలవు, ఇది దూరదూరాల ప్రయాణాన్ని మరింత సమర్థవంతంగా మరియు సౌకర్యవంతంగా చేయగలదు.

హైపర్‌లూప్ యొక్క ప్రారంభ నమూనాలు

హైపర్‌లూప్ టెక్నాలజీ ఇంకా అభివృద్ధిలో ఉంది, కానీ అనేక కంపెనీలు ప్రారంభ నమూనాలను అభివృద్ధి చేస్తున్నాయి. ఈ నమూనాలు సాధారణంగా 100 మైళ్ల (160 కిలోమీటర్లు) వేగంతో ప్రయాణించగల సామర్థ్యాన్ని కలిగి ఉన్నాయి.

VTOL

VTOL అనేది "వెర్టికల్ టేక్-ఆఫ్ అండ్ ల్యాండింగ్" కు సంక్షిప్తీకరణ, ఇది భూమిపై నిలబడి లేదా గుండ్రంగా తిరిగి టేక్-ఆఫ్ మరియు ల్యాండ్ చేయగల వాహనాన్ని సూచిస్తుంది. VTOL వాహనాలు నగర వాయు మొబిలిటీ మరియు వ్యక్తిగత రవాణా కోసం అధునాతన సాధనంగా పరిగణించబడుతున్నాయి.

VTOL యొక్క ప్రారంభ నమూనాలు

VTOL టెక్నాలజీ కూడా ఇంకా అభివృద్ధిలో ఉంది, కానీ అనేక కంపెనీలు ప్రారంభ నమూనాలను అభివృద్ధి చేస్తున్నాయి. ఈ నమూనాలు సాధారణంగా 100 మైళ్ల (160 కిలోమీటర్లు) వేగంతో ప్రయాణించగల సామర్థ్యాన్ని కలిగి ఉన్నాయి.

Chapter 7: Sharing Economy and Mobility as a Service: Access over Ownership

భాగం 7 : షేరింగ్ ఎకానమీ మరియు సేవగా మొబిలిటీ: యాజమాన్యం కంటే ప్రాప్యత

ప్లాట్‌ఫారమ్‌లు మరియు డిమాండ్‌పై మొబిలిటీ: వివిధ రవాణా పద్ధతులను సమైకృతం చేయడం

పరిచయం

రవాణా రంగం ప్రస్తుతం ఒక మలుపు తిరుగుతోంది. డిజిటల్ టెక్నాలజీ యొక్క అభివృద్ధితో, కొత్త రకాల రవాణా ప్లాట్ ఫారమ్‌లు మరియు సేవలు అభివృద్ధి చెందుతున్నాయి. ఈ ప్లాట్‌ఫారమ్‌లు వివిధ రవాణా పద్ధతులను సమైకృతం చేయడం ద్వారా, ప్రజలకు మరింత సౌకర్యవంతమైన మరియు సమర్థవంతమైన రవాణా ఎంపికలను అందిస్తున్నాయి.

ప్లాట్‌ఫారమ్‌లు మరియు సమైకృత రవాణా

ప్లాట్‌ఫారమ్‌లు అనేవి వివిధ రకాల సేవలను అందించే ఒకే డిజిటల్ వేదిక. రవాణా రంగంలో, ప్లాట్‌ఫారమ్‌లు వివిధ రవాణా పద్ధతులను, వీటిలో బస్సులు, రైళ్లు, విమానాలు మరియు కారు షేరింగ్ ఉన్నాయి, ఒకే యాప్‌లో సమైకృతం చేయడం ద్వారా పనిచేస్తాయి. ఇది ప్రజలకు వారి ప్రయాణాలను ప్లాన్ చేయడం మరియు రిజర్వ్ చేయడం సులభతరం చేస్తుంది.

డిమాండ్‌పై మొబిలిటీ

డిమాండ్‌పై మొబిలిటీ అనేది రవాణా సేవలను అవసరమైనప్పుడు మాత్రమే అందించే ఒక భావన. ఈ సేవలు సాధారణంగా ఆటోమేటెడ్ కారు షేరింగ్ లేదా స్వయంచాలక ట్యాక్సీల ఆధారంగా ఉంటాయి. డిమాండ్‌పై మొబిలిటీ రవాణాను మరింత సమర్థవంతంగా మరియు స్థిరంగా చేయడంలో సహాయపడుతుంది.

వివిధ రవాణా పద్ధతులను సమైకృతం చేయడం యొక్క ప్రయోజనాలు

వివిధ రవాణా పద్ధతులను సమైకృతం చేయడం అనేక ప్రయోజనాలను అందిస్తుంది. వీటిలో కొన్ని:

- సౌకర్యం: ప్లాట్‌ఫారమ్‌లు ప్రజలకు వారి ప్రయాణాలను ఒకే యాప్‌లో ప్లాన్ చేయడం మరియు రిజర్వ్ చేయడం సులభతరం చేస్తాయి.
- సమర్థవంతత: డిమాండ్‌పై మొబిలిటీ రవాణాను మరింత సమర్థవంతంగా మరియు స్థిరంగా చేయడంలో సహాయపడుతుంది.
- సామాజిక ప్రయోజనాలు: డిమాండ్‌పై మొబిలిటీ ట్రాఫిక్ జామ్‌లను తగ్గించడంలో మరియు పర్యావరణ మార్పులను తగ్గించడంలో సహాయపడుతుంది.

సబ్‌స్క్రిప్షన్ సేవలు మరియు కారు షేరింగ్: కారు యాజమాన్యంపై ఆధారపడటాన్ని తగ్గించడం

పరిచయం

కారు యాజమాన్యం అనేది ఖరీదైన మరియు సమయం తీసుకునే అనుభవం కావచ్చు. కారు కొనుగోలు చేయడానికి, మీరు కారు ధర, బీమా, పెట్రోల్, మరియు నిర్వహణ ఖర్చులను కలిగి ఉంటారు. మీరు కారుని ఎక్కడ ఉంచితారనే దాని గురించి కూడా మీరు ఆలోచించాలి.

సబ్‌స్క్రిప్షన్ సేవలు మరియు కారు షేరింగ్ వంటి ఆప్షన్లు కారు యాజమాన్యంపై ఆధారపడటాన్ని తగ్గించడానికి సహాయపడతాయి. ఈ సేవలు మీకు కారును ఉపయోగించాలనుకున్నప్పుడు మాత్రమే చెల్లించడానికి అనుమతిస్తాయి.

సబ్‌స్క్రిప్షన్ సేవలు

కారు సబ్‌స్క్రిప్షన్ సేవలు మీకు ఒక నెల, ఒక సంవత్సరం లేదా అంతకంటే ఎక్కువ కాలానికి కారును ఉపయోగించడానికి అనుమతిస్తాయి. ఈ సేవల ధర కారు రకం మరియు మీరు ఎంచుకున్న సబ్‌స్క్రిప్షన్ ప్యాకేజీపై ఆధారపడి ఉంటుంది.

కారు సబ్‌స్క్రిప్షన్ సేవలలో సాధారణంగా కిందివి ఉన్నాయి:

- కారు డ్రైవింగ్
- బీమా

పెట్రోల్

నిర్వహణ

- టాక్సీ సేవలు

కారు సబ్‌స్క్రిప్షన్ సేవలు కారు యాజమాన్యం యొక్క కొన్ని ప్రయోజనాలను అందిస్తాయి, అయితే అవి కొన్ని ప్రతికూలతలను కూడా కలిగి ఉంటాయి.

ప్రయోజనాలు

- కారు యాజమాన్యం కంటే తక్కువ ఖర్చు
- బీమా మరియు నిర్వహణ గురించి ఆందోళన చెందాల్సిన అవసరం లేదు
- మీకు అవసరమైనప్పుడు మాత్రమే చెల్లించండి

ప్రతికూలతలు

- మీరు ఎంచుకోగల కారు రకాలు పరిమితం
- మీరు కారును ఎక్కడ ఉంచితారనే దాని గురించి ఆలోచించాల్సిన అవసరం ఉంది
- మీరు కారుని మార్చడానికి మీరు ముందుగానే హెచ్చరిక ఇవ్వాలి

కారు షేరింగ్

కారు షేరింగ్ అనేది మీరు కారుని ఉపయోగించాలనుకున్నప్పుడు మాత్రమే దానిని అద్దెకు

తీసుకోవడం. ఈ సేవలు సాధారణంగా ఒక గంట లేదా ఒక రోజు వంటి చిన్న సమయ వ్యవధులను అందిస్తాయి.

కారు షేరింగ్ సేవలలో సాధారణంగా కిందివి ఉన్నాయి:

- కారు డ్రైవింగ్
- బీమా
- పెట్రోల్

షేరింగ్ ఎకానమీ ప్లాట్‌ఫారమ్‌లలో డేటా గోప్యత మరియు భద్రతా సమస్యలు

పరిచయం

షేరింగ్ ఎకానమీ అనేది ఒక కొత్త ఆర్థిక వ్యవస్థ, ఇది వ్యక్తులు మరియు సంస్థలకు తమ ఆస్తులను మరియు సేవలను ఇతరులతో పంచుకోవడానికి అనుమతిస్తుంది. ఈ ప్లాట్‌ఫారమ్‌లు డేటాను సేకరించడానికి మరియు ఉపయోగించడానికి విస్తృత శ్రేణి సాంకేతికతలను ఉపయోగిస్తాయి.

షేరింగ్ ఎకానమీ ప్లాట్‌ఫారమ్‌లు డేటా గోప్యత మరియు భద్రతకు అనేక సవాళ్లను సృష్టిస్తాయి. ఈ సవాళ్లలో కొన్ని:

- విస్తృత డేటా సేకరణ: షేరింగ్ ఎకానమీ ప్లాట్‌ఫారమ్‌లు తమ వినియోగదారుల గురించి చాలా డేటాను సేకరిస్తాయి. ఈ డేటాలో వ్యక్తిగత డేటా, డ్రైవింగ్ డేటా మరియు పరిచయ డేటా వంటివి ఉండవచ్చు.
- డేటా షేరింగ్: షేరింగ్ ఎకానమీ ప్లాట్‌ఫారమ్‌లు తమ వినియోగదారుల డేటాను ఇతర సంస్థలతో పంచుకోవచ్చు. ఈ డేటాను మార్కెటింగ్, ప్రకటనలు లేదా ఇతర ప్రయోజనాల కోసం ఉపయోగించవచ్చు.
- డేటా భద్రత: షేరింగ్ ఎకానమీ ప్లాట్‌ఫారమ్‌లు తమ వినియోగదారుల డేటాను రక్షించడానికి చర్యలు తీసుకోవాలి. డేటా హ్యాక్‌లు లేదా ఇతర భద్రతా ఉల్లంఘనల కారణంగా ఈ డేటాను దుర్వినియోగం చేయవచ్చు.

షేరింగ్ ఎకానమీ ప్లాట్‌ఫారమ్‌లలో డేటా గోప్యత మరియు భద్రతను మెరుగుపరచడానికి చర్యలు

షేరింగ్ ఎకానమీ ప్లాట్‌ఫారమ్‌లు డేటా గోప్యత మరియు భద్రతను మెరుగుపరచడానికి కొన్ని చర్యలు తీసుకోవచ్చు. ఈ చర్యలలో కొన్ని:

- వినియోగదారులకు స్పష్టమైన సమాచారాన్ని అందించండి: షేరింగ్ ఎకానమీ ప్లాట్‌ఫారమ్‌లు తమ వినియోగదారులకు తమ డేటాను ఎలా సేకరిస్తాయి, ఉపయోగిస్తాయి మరియు పంచుకుంటాయో స్పష్టమైన సమాచారాన్ని అందించాలి.
- వినియోగదారులకు తమ డేటాను నియంత్రించడానికి ఎంపికలను అందించండి: షేరింగ్ ఎకానమీ ప్లాట్‌ఫారమ్‌లు వినియోగదారులకు తమ డేటాను సేకరించడాన్ని నిలిపివేయడానికి, తొలగించడానికి లేదా మార్చడానికి ఎంపికలను అందించాలి.

సమాన ప్రాప్యత మరియు సరసతం: సమ్మిళిత మొబిలిటీ పరిష్కారాలను నిర్ధారించడం

ప్రారంభం

ప్రపంచంలోని చాలా మంది ప్రజలు తమ రోజువారీ జీవితంలో మొబిలిటీపై ఆధారపడి ఉంటారు. ఉద్యోగానికి వెళ్లడానికి, కుటుంబం మరియు స్నేహితులను చూడటానికి, లేదా కేవలం నగరం చుట్టూ తిరగడానికి, మనం మన మొబిలిటీని విశ్వసించగలగాలి.

అయితే, ప్రతి ఒక్కరికీ ఈ విశ్వసనీయమైన మొబిలిటీ లేదు. కొంతమంది ప్రజలు ఆర్థికంగా మొబైల్‌గా ఉండటానికి సామర్థ్యం లేదు, మరికొందరు శారీరకంగా లేదా మానసికంగా మొబైల్‌గా ఉండటానికి సామర్థ్యం లేదు.

ఈ అసమానతలను పరిష్కరించడానికి, మనం సమ్మిళిత మొబిలిటీ పరిష్కారాలను అభివృద్ధి చేయాలి. ఈ పరిష్కారాలు అన్ని ప్రజలకు సమానమైన ప్రాప్యత మరియు సరసతను అందించాలి.

సమ్మిళిత మొబిలిటీ పరిష్కారాల యొక్క ప్రయోజనాలు

సమ్మిళిత మొబిలిటీ పరిష్కారాలను అభివృద్ధి చేయడానికి అనేక ప్రయోజనాలు ఉన్నాయి.

- అవి అన్ని ప్రజలకు మరింత సమానమైన అవకాశాలను అందిస్తాయి. మొబైల్‌గా ఉండటం అనేది ఉపాధి, విద్య, మరియు సామాజిక జీవితంలో పాల్గొనడానికి అవసరమైన ముఖ్యమైన అవసరం. సమ్మిళిత మొబిలిటీ

పరిష్కారాలు అన్ని ప్రజలకు ఈ అవకాశాలను అందించడంలో సహాయపడతాయి.

- అవి ఆర్థిక వ్యవస్థకు ప్రయోజనం చేకూరుస్తాయి. మొబైల్ ప్రజలు మరింత ఉత్పాదకంగా ఉంటారు మరియు మరింత డబ్బును వినియోగిస్తారు. సమ్మిళిత మొబిలిటీ పరిష్కారాలు ఆర్థిక వ్యవస్థను బలోపేతం చేయడంలో సహాయపడతాయి.
- అవి మరింత సామాజికంగా న్యాయమైన సమాజాన్ని సృష్టిస్తాయి. అన్ని ప్రజలకు సమానమైన అవకాశాలను కల్పించడం మరింత సామాజికంగా న్యాయమైన సమాజాన్ని సృష్టించడానికి సహాయపడుతుంది.

సమ్మిళిత మొబిలిటీ పరిష్కారాల రకాలు

సమ్మిళిత మొబిలిటీ పరిష్కారాలు అనేక రకాలు ఉన్నాయి.

- సాధారణ ప్రజా రవాణా: సాధారణ ప్రజా రవాణా అందరికీ అందుబాటులో ఉండే, సరసమైన మరియు నమ్మదగిన మార్గం. ఇది బస్సులు, రైళ్లు, మెట్రోలు మరియు ఇతర రకాల ప్రజా రవాణాను కలిగి ఉంటుంది.

కేసు స్టడీస్: విజయవంతమైన MaaS ప్లాట్‌ఫారమ్‌లు మరియు షేరింగ్ ఎకానమీ చొరవలు

ప్రారంభం

సమ్మిళిత మొబిలిటీ సేవలు (MaaS) అనేవి వివిధ రకాల రవాణా సేవలను ఒకే ప్లాట్‌ఫారమ్‌లో కలిగి ఉన్నాయి. ఈ ప్లాట్ ఫారమ్‌లు ప్రజలకు వారి ప్రయాణ అవసరాలను సులభంగా మరియు సమర్థవంతంగా తీర్చడంలో సహాయపడతాయి.

షేరింగ్ ఎకానమీ అనేది వ్యక్తిగత ఆస్తులను ఇతరులతో పంచుకోవడంపై ఆధారపడిన ఆర్థిక వ్యవస్థ. ఈ వ్యవస్థ రవాణా, హోమ్ షేరింగ్, మరియు ఇతర రంగాలలో మార్పులను తెస్తున్నది.

ఈ కేసు స్టడీస్‌లో, మేము విజయవంతమైన MaaS ప్లాట్‌ఫారమ్ లు మరియు షేరింగ్ ఎకానమీ చొరవలను చూస్తాము. ఈ చొరవలు ప్రజలకు సమర్థవంతమైన, సరసమైన మరియు సౌకర్యవంతమైన మొబిలిటీని అందించడంలో ఎలా విజయవంతమయ్యాయో చూద్దాం.

కేసు స్టడీ 1: Moovit

Moovit అనేది ప్రపంచంలోనే అత్యంత ప్రజాదరణ పొందిన MaaS ప్లాట్‌ఫారమ్‌లలో ఒకటి. ఇది 100 కంటే ఎక్కువ దేశాలలో 100 మిలియన్లకు పైగా వినియోగదారులను కలిగి ఉంది.

Moovit వినియోగదారులకు వారి ప్రయాణాలను ప్లాన్ చేయడానికి, బుక్ చేయడానికి మరియు ట్రాక్ చేయడానికి ఒక

సింగిల్ యాప్‌ను అందిస్తుంది. ఈ యాప్ బస్సులు, రైళ్లు, మెట్రోలు, షేరింగ్ కార్లు, టాక్సీలు మరియు ఇతర రకాల రవాణాను కలిగి ఉంటుంది.

Moovit విజయవంతమైన కారణాలలో ఒకటి దాని సౌకర్యవంతమైన యూజర్ ఇంటర్‌ఫేస్. ఈ యాప్‌ను ఉపయోగించడం చాలా సులభం మరియు ప్రజలు వారి ప్రయాణాలను త్వరగా మరియు సులభంగా ప్లాన్ చేయగలరు.

Moovit విజయవంతమైన మరొక కారణం దాని డేటా-ఆధారిత సాంకేతికత. ఈ ప్లాట్‌ఫారమ్ నిజ సమయంలో డేటాను ఉపయోగించి ప్రయాణాలను అంచనా వేస్తుంది. ఇది వినియోగదారులకు వారి ప్రయాణాలను మరింత ఖచ్చితంగా ప్లాన్ చేయడంలో సహాయపడుతుంది.

కేసు స్టడీ 2: Uber

Uber అనేది ప్రపంచంలోనే అతిపెద్ద షేరింగ్ ఎకానమీ కంపెనీలలో ఒకటి. ఇది 100 కంటే ఎక్కువ దేశాలలో 100 మిలియన్లకు పైగా వినియోగదారులను కలిగి ఉంది.

www.ingramcontent.com/pod-product-compliance
Lightning Source LLC
LaVergne TN
LVHW020432080526
838202LV00055B/5142
9788119855377